畜禽养殖与疾病防治丛书

图说蛋鸡养殖

新技术

丁馥香 主编

中国农业科学技术出版社

图书在版编目（CIP）数据

图说蛋鸡养殖新技术/丁馥香主编. —北京：中国农业
科学技术出版社，2012.9
ISBN 978-7-5116-0800-0

Ⅰ.①图… Ⅱ.①丁… Ⅲ.①卵用鸡–饲养管理–图
解 Ⅳ.①S831.4-64

中国版本图书馆CIP数据核字(2012)第006403号

责任编辑　崔改泵　张孝安
责任校对　贾晓红　范　潇

出　版　者　中国农业科学技术出版社
　　　　　　北京市中关村南大街12号　　　　邮编：100081
电　　　话　(010)82109194（编辑室）　　(010)82109704（发行部）
　　　　　　(010)82109709（读者服务部）
传　　　真　(010)82109708
网　　　址　http://www.castp.cn
经　销　者　各地新华书店
印　刷　者　北京富泰印刷有限责任公司
开　　　本　787 mm × 1 092mm　1/16
印　　　张　9
字　　　数　138千字
版　　　次　2012年9月第1版　　2013 年 8 月第 4 次印刷
定　　　价　22.00元

前　言

——畜禽养殖与疾病防治丛书

近十几年，我国畜禽养殖业迅猛发展，畜禽养殖业已成为我国农业的支柱产业之一。其产值占农业总产值的比例也在逐年攀升，连续 20 年平均年递增 9.9%，产值增长近 5 倍，达到 4 000 亿元，占到农业总产值的 1/3 之多。同时，人们的生活水平不断提高，饮食结构也在不断改善。随着现代畜牧业的发展，畜禽养殖已逐步走上规模化、产业化的道路，业已成为农、牧业从业者增加收入的重要来源之一。但目前在畜禽养殖中还存在良种普及率低、养殖方法不科学、疫病防治相对滞后等问题，这在一定程度上制约了畜牧业的发展。与世界许多发达国家相比，我国的饲养管理、疫病防治水平还存在着一定的差距。存在差距，就意味着我国的整体饲养管理水平和疾病防控水平还需进一步提高。

针对目前养殖生产中常见的一些饲养管理和疫病防控问题，中国农业科学技术出版社组织了一批该领域的专家学者，结合当今世界在畜禽养殖方面的技术突破，集中编写了全套 13 册的"畜禽养殖与疾病防治"丛书，其中，养殖技术类 8 册，疫病防控类 5 册，分别为《图说家兔养殖新技术》《图说养猪新技术》《图说肉牛养殖新技术》《图说奶牛养殖新技术》《图说绒山羊养殖新技术》《图说肉羊养殖新技术》《图说肉鸡养殖新技术》《图说蛋鸡养殖新技术》《图说猪病防治新技术》《图说羊病防治新技术》《图说兔病防治新技术》《图说牛病防治新技术》和《图说鸡病防治新技术》，分类翔实地介绍了不同畜禽在饲养管理各方面最新技术的应用，帮助大家把因疾病造成的损失降低到最低限度。

　　本丛书从现代畜禽养殖实际需要出发，按照各种畜禽生产环节和生产规律逐一编写。参与编撰的人员皆是专业研究部门的专家、学者，有丰富的研究数据和实验依据，这使得本丛书在科学性和可操作性上得到了充分的保障。在图书的编排上本丛书采用图文并茂形式，语言通俗易懂，力求简明操作，极有参阅价值。

　　本丛书不但可以作为高职高专畜牧兽医专业的教学用书，也适用于专业畜牧饲养、畜牧繁殖、兽医等职业培训，也可作为养殖业主、基层兽医工作者的参考及自学用书。

编　者
2012 年 9 月

图说蛋鸡养殖新技术

第一章 蛋鸡养殖前景

改革开放30多年来，我国蛋鸡养殖总量不断增加，蛋鸡养殖产业结构不断得到调整和优化，产业优势已逐步形成，产业竞争能力明显增强。然而，我国蛋鸡养殖在发展过程中依然存在着一些比较突出的问题。本章在总结我国蛋鸡养殖发展现状与成就的基础上，主要对蛋鸡养殖产业发展中存在的问题进行梳理，展望我国蛋鸡养殖发展前景。

一、蛋鸡养殖发展现状与成就

1. 蛋鸡养殖数量稳步发展

我国的蛋鸡养殖数量已达到15亿只，鸡蛋已经成为我国食品安全的重要组成部分。随着我国经济发展，人民膳食生活不断提高，鸡蛋已成为居家过日子的必备食品。目前我国人均年占有鸡蛋量达到发达国家水平（人均占有量为17.3千克），居民人均年消费鸡蛋16千克，平均每日消费43.84克鸡蛋，即每人每日一枚鸡蛋。

蛋鸡养殖是畜产品生产效率较高的产业。鸡蛋生产饲料转化率仅次于牛奶。其蛋白质形成成本分别为猪肉蛋白质价格的29%，羊肉蛋白质价格的34%，牛肉蛋白质价格的28%，鸡肉蛋白质价格的58%。蛋鸡养殖产业的发展为我国消费者提供了廉价的蛋白质供给。

蛋鸡养殖已成为我国农业重要产业之一。目前已经形成种鸡生产、蛋鸡养殖、鸡蛋零售、饲料加工、兽药疫苗供给相关产业年产值超过3500亿元的庞大产业链。

2. 蛋鸡养殖产业结构不断调整、优化

我国蛋鸡养殖产业已经发展到一定阶段，进入生产、供应趋于平稳调整的状态。1980~2005年，我国禽蛋产量年递增速度为7.8%，2005年我国鸡蛋产量2435万吨，占世界鸡蛋总产量的41%。最高年份我国的蛋鸡养殖量达15亿只，成为世界最大的鸡蛋生产国。进入"十一五"阶段，我国蛋鸡养殖处于结构调整期，蛋鸡存栏维持在11亿~13亿只之间，鸡蛋总产量

在2000万～2300万吨徘徊。

为优化蛋鸡养殖产业结构，提高养殖效益，在广大科技人员的不断努力下，以我国地方原始品种为基础，培育的粉壳蛋鸡、绿壳蛋鸡等的饲养量不断增加。

我国居民鸡蛋消费结构比较单一，主要以鲜蛋消费为主，鲜蛋消费量占我国鸡蛋总产量的90%，而鸡蛋加工转换程度仅为0.26%，其余9.74%的产量作为鲜蛋出口或损失掉。但随着科学技术发展和消费者观念变化，我国蛋鸡产业不断以市场为导向，鸡蛋产品结构不断优化且呈现多样性特点。一是鲜蛋产品的功能多样化：消费者在追求基本营养之外，对鲜蛋的功能追求也越来越普遍，从而促使高碘鸡蛋、富硒鸡蛋、高能鸡蛋、低胆固醇鸡蛋等鲜蛋的供给增加。二是鲜蛋的安全性能逐步增强：高品质鸡蛋受到高收入消费者的青睐。目前，我国部分蛋鸡养殖场已经通过国家无公害、绿色和有机鸡蛋的生产认证，高品质鸡蛋的生产量越来越大。三是鸡蛋制品多样化：虽然我国鸡蛋加工转换程度较低，但鸡蛋制品加工的潜力却很大。目前我国加工蛋品种类主要有：液蛋制品（液全蛋、液蛋黄和液蛋白等）、冰蛋制品（冰全蛋、冰蛋黄、冰蛋白等）、干燥蛋制品（普通及加糖全蛋、蛋白及蛋黄粉等）以及鸡蛋深加工产品（溶菌酶、卵转铁蛋白、蛋清多肽、卵黄抗体、卵磷脂和卵高磷蛋白等）。

3. 蛋鸡养殖产业优势基本形成

随着规模化养殖水平的提高和蛋鸡养殖业的竞争加剧、利润趋薄以及消费者对鲜蛋新鲜度等品质的苛求，促使鲜蛋就近生产、就近销售的趋势越来越明显，整个蛋鸡养殖产业布局也不断得到调整、优化，并日趋成型。

我国蛋鸡养殖主要分布在华北、华东和东北地区等粮食主产区，其中鸡蛋产量排在前6位的省份是河北、河南、山东、辽宁、江苏和四川。在蛋鸡养殖密集地区，生产方式落后，养鸡场、饲料加工厂、兽药销售点、鸡蛋经销商相互穿插经营，按照国家无公害标准很难找到符合条件的鸡场。近年来，由于密集养殖区鸡蛋市场价格波动幅度大、禽流感发病严重、运输费用增加、沿海地区进口饲料便宜、养鸡设施更新投入等影响，北方许多原来养蛋鸡多的地方存栏量在迅速减少；过去靠调进鸡蛋的地区，由于养殖技术的解决和当地鸡蛋销售价格高的原因使养殖量不断增加。

近年来，蛋鸡养殖呈全国性增长趋势，许多省份蛋鸡养殖发展迅速，基本形成了国内五大鸡蛋消费市场。根据2008年计算的各省城镇和农村居民人均年鸡蛋消费量，我国鸡蛋消费市场主要集中于东北和华北地区。具体来说，目前按照年人均消费量来看，我国的鸡蛋市场布局有以下特征：一是天津市、北京市、辽宁省、上海市的人均年鸡蛋消费量最高（11~16千克/人）；二是山东省、黑龙江、江苏省、安徽省、河北省等，其人均年鸡蛋消费量较高（7~11千克/人）；三是吉林省、山西省、福建省、广东省、浙江省、河南省、重庆市（5~7千克/人）；四是湖北省、内蒙古自治区、陕西省、四川省、江西省、青海省、宁夏回族自治区、新疆维吾尔自治区、湖南省、云南省、广西壮族自治区、甘肃省、海南省及贵州省（2~5千克/人）；人均年鸡蛋消费量最低的是西藏自治区，2008年人均年鸡蛋消费量仅为1.35千克/人。

二、蛋鸡养殖存在的主要问题

经过30年的发展，我国蛋鸡养殖产业取得了很大的成绩，但和发达国家相比，我国蛋鸡养殖业在宏观管理、疫病防控、优种繁育技术、消费引导等层面仍存在较大的差距，也存在着一些比较突出的问题。

1. 进入门槛低，生产规模小，从业者专业知识缺乏

我国蛋鸡养殖行业长期以来没有国家标准，缺乏市场准入制度，很多从业者，特别是散户和小规模生产者，为片面追求眼前利益，盲目从众性行为突出，从业者专业知识缺乏，养鸡利润持续降低。加之鸡蛋品质不能肉眼直观进行鉴定，在没有明确统一的国家标准、检测监管制度不完善的情况下，完全依靠市场的自由竞争，养殖过程简单、养殖环境较差、养殖成本较低的低质低价鸡蛋畅销，许多高品质鸡蛋无法获得高价。一些生产环境和工艺通过国际标准认证的大规模蛋鸡养殖企业，投入很高成本建立起来的高端优质鸡蛋产品市场，经受不住一些"以次充好"从业者的冲击。由于行业进入门槛较低，政府管理缺乏量化标准，加之消费者信息不对称，市场无序竞争的结果，必然使真正的高品质鸡蛋迫于成本和利润的压力，难以为继，有的甚至不得不退出市场。尤其是对于走品牌化发展道路的企业，要坚守高质量的生产，就必须要付出高昂的成本，但市场价格的限制使企业不得不压缩利润

空间，保证高品质鸡蛋的生产成为企业最大的软肋。

2. 品种单一，生产水平较低

从品种看，据调查目前我国主导蛋鸡品种是海兰，占蛋鸡总饲养量80%以上，其余为罗曼、依莎、海赛、尼克等占不到20%，品种相对单一。同时，我国蛋鸡品种长期依赖进口，种源大多掌控在外企手中，未能充分利用国内鸡种资源，浪费了大量外汇，因而我国蛋鸡品种的自主创新能力亟待提高。此外，我国良种扩繁体系与养殖户关系松散，责任不明确，造成个别厂家以次充优，生产冒牌产品，扰乱了市场秩序。

从生产水平看，虽然我国蛋鸡养殖数量居世界首位，但因各地环境、设施等条件的不配套，生产规模差距较大，蛋鸡生产水平差异很大。并且由于我国蛋鸡养殖方式比较落后、规模化程度不高、先进适用技术的成果转化率低，使得一些蛋鸡生产水平远低于世界发达国家的水平。目前，在我国一般生产条件下，每只蛋鸡年产蛋14千克，料蛋比为2.5~2.6∶1，育雏育成期死亡率高达20%，产蛋期淘死率20%，而发达国家每只蛋鸡年产蛋17~18千克，料蛋比为2.3∶1，育雏育成期死亡率仅为2%~5%，产蛋期淘死率仅为5%~8%。和发达国家相比，我国蛋鸡生产水平提高的空间很大。

3. 蛋鸡养殖中疫病防控问题突出，防疫体系亟待改善

疾病成为影响我国蛋鸡养殖产业可持续发展和效益提高的主要因素。近年蛋鸡疾病病原体不断变异，细菌感染和寄生虫病不断出现，混合感染成为疾病发生的主流，有些病原体感染和发病还可引起免疫抑制，使蛋鸡群频繁发病，轻的影响鸡群健康和生产性能，严重的造成死亡，危害公共安全。

我国目前蛋鸡养殖场（舍）的布局弊端颇多，使用年代越长的鸡场（舍），环境污染越严重，尤其是一些专业养殖小区及大户。一家一户小而全的管理方式，进鸡、用料、粪便污物处理、免疫制度等杂乱无章，缺乏统一的行业管理，疾病交叉感染，养鸡场（户）对鸡综合保健意识淡薄，卫生防疫意识差。同时大环境不断变化，鸡场或鸡舍周边的大环境被病源严重污染，病源从地表、空气、各种媒介物全方位侵入，传染性疾病不断发生，已造成的损失或潜在的危险非常严重。因此，防疫体系实际运作效果亟待改善。造成此种状况的原因：一是行政性质较强的兽医防疫体系同完全市场化的行业很难完全地配套与协调，缺乏同市场机制和行业规律相协调的管理机构，政府多年来投入的资金使用效果有明显的改进空间。二是全国统一的疫病防治系统尚待建立。鸡蛋是全国流通的商品，但目前尚缺乏一个基于自然条件和社会条件、生物安全条件基础上的全国统一规划，管理制度缺失，从而导致疫病防控扑杀补偿政策存在一定程度和范围的不合理。三是从疫情报告、疫苗研制到推广防治的周期过长，鸡群早期感染得不到控制，细菌病泛滥，形成巨大的生物安全隐患。四是配套的服务体系缺乏生物安全概念和责任意识，政府监控管理尚不到位，饲料、送料车、鸡蛋包装箱、运蛋车、运鸡车都是造成疾病传播的途径。五是免疫程序、疫苗使用不当，滥用抗生素和违禁药，缺乏抗体监测手段等问题，也亟待改善。

4. 蛋鸡养殖效益较低，养殖户面临的市场风险大

我国目前蛋鸡养殖的成本较高，收益相对较低。我国2005～2008年每百只蛋鸡的成本、收益与成本收益率统计结果说明，近年来我国蛋鸡的成本收益率在逐步提高，但仍然处于较低的水平，2008年成本收益率仅达到8.14%。

近年来，随着市场化程度的推进，以及国际市场的日益竞争激烈，鸡蛋价格波动的不确定性已成为影响整个产业稳定发展和蛋鸡饲养户收入水平的重要因素。目前，我国鸡蛋需求趋于饱和，广大农户盲目上马，导致蛋鸡养殖者竞争加剧，蛋鸡生产者处于微利或亏损的境地，从而引发了在需求稳定情况下的供给增加，促使鸡蛋市场价格快速下降；并且由于蛋鸡养殖过程中面临着较大的疾病风险，在我国农村地区很难做到全面防疫与科学防疫，导致生产不稳定性增强，最终导致鸡蛋市场价格的波动风险，不利于蛋鸡养殖产业的稳定和发展，也不利于消费者的长远利益。

5. 鸡蛋质量潜在安全问题突出

我国畜禽饲料中滥用抗生素、化学合成药物、砷制剂等生长促进剂，造成危害人畜健康和食品安全的事件多次发生。在蛋鸡生产过程中，应严格禁止使用国家严禁使用的各种兽药；严禁将抗生素、有机砷制剂等有毒有害物质作为饲料添加剂使用；严禁使用蛋黄增色剂，以免药物残留超标，危害公共安全。

三、蛋鸡养殖发展前景

1. 加强育种体系的建立

目前，我国饲养量最多的海兰蛋鸡是美国海兰国际公司（Hy-Line International）培育出来的优良鸡种。该公司创建于1930年，经过数十年的不断研究，培育出不少优良品种。目前在我国饲养的有海兰红羽棕壳蛋鸡、海兰W-36白羽白壳蛋鸡等。而我国是蛋鸡遗传资源最丰富的国家，却因为机制、体制及经费的原因，没有一个可以与海兰公司相媲美的公司。

针对目前我国蛋鸡品种长期依赖引进，种源权受国外企业控制的现状，我国应加大对种禽良种繁育基地建设的投入力度，尽快推动我国种鸡资源自主研发体系的建立和完善。中央和地方政府及有实力的大企业，应加大对国产优良蛋鸡品种的育种、养殖的支持力度，如节粮型北农大3号等品种，加大投资力度，扶持国内优良品种产业规模的迅速扩大。建立和完善优良种鸡资源的自主研发体系，不仅可以降低蛋鸡养殖企业的养殖成本，同时有利于增强我国蛋鸡养殖企业的自主能力，抵御国际金融危机和国际流通市场波动的不利影响。

2. 制定准入门槛，加快新技术新成果的转化推广

制定蛋鸡养殖产业国家标准，确定基本的市场准入门槛。但对蛋鸡产业的改造和提升，也需立足现有条件和资源，有计划分步骤地向理想状态靠拢。实行行业准入制度，更准确地掌握企业数量和产量，保障行业的整体利益。首先从蛋种鸡养殖企业抓起，严格控制祖代的数量和规模，对申报数量和出售父母代数量不吻合（主要指超指标）的企业加重处罚，甚至取消资格。如果疾病净化较好，还要鼓励对祖代鸡进行强制换羽，但数量要包括在申报范围内。为增加农民收入，对其他行业转入蛋鸡养殖业要有有力的调控手段。要充分发挥质量监管部门的监督检查职能，严格检查程序，加强监管力度；并在各类销售终端设立检验检疫部门，杜绝不合标准的鸡蛋进入市场。

加强基层从业者和新转入蛋鸡养殖农户的专业知识培训，使他们基本掌握操作规程要领，以便新技术新成果的转化推广，提高生产水平，提高蛋鸡养殖效益。以饲养15亿只蛋鸡为例，料蛋比降低0.2，每年全国可节省饲料420

万吨。全程存活率提高17%，每只鸡的年产蛋量可以增加2.38千克。

3.鼓励和引导农民成立蛋鸡养殖合作社，推动蛋鸡的规模化、专业化养殖

蛋鸡养殖合作社是解决蛋鸡行业目前困境的一种有效手段，发达国家的发展历程已经充分证明了这一点。随着城市化进程的加快和市场准入制度的实行，中小散户的鸡蛋直接进入市场的比例将逐步降低，经过鸡蛋加工企业的加工、处理、包装进入的份额逐步上升，如此在市场供给上就会逐步形成类似牛奶销售的局面，龙头企业承担市场的风险，养殖户只承担养殖的风险。市场一旦形成这种格局，龙头企业或合作社就会规范养殖户的品种、规模和质量，实现市场的有序发展，推动蛋鸡养殖走向适度的规模化和自动化。

由"小规模、无专业的大群体"向"大规模、专业化的小群体"转移，养殖总量日趋稳定，从业者专业能力越来越强，从业者素质越来越高，从业者人数越来越少。商品蛋鸡场10万只、20万只以上的规模养殖场、品牌鸡蛋生产厂会越来越多。还有像北京德清源、大连韩伟、辽宁新风等大型品牌鸡蛋生产基地的持续扩张，会越来越明显，它们足以弥补非专业养殖场（2000只、3000只以下）退出所减少的养殖数量；蛋种鸡养殖一些大的龙头企业规模将更加扩大，生产能力会进一步提高，而一些低效益的小企业将被淘汰。

4.发展特色蛋鸡养殖

近年来市场出现了很多特色鸡蛋，如土鸡蛋、柴鸡蛋、绿壳蛋、青壳蛋、红心蛋、保健蛋等。我国地方鸡品种资源非常丰富，且人们有喜食土鸡、土蛋的偏好，有条件的地方，可以根据市场销量，适度发展散养土鸡。有条件的蛋鸡养殖企业，可以根据市场需求，生产高碘鸡蛋、富硒鸡蛋、高能鸡蛋、低胆固醇鸡蛋等鲜蛋，以满足高收入人群的需求。

5.充分发挥政府宏观调控职能，降低行业风险

制定有利于蛋鸡养殖行业发展的相关政策，进行宏观调控。一是制定蛋鸡行业发展规划，明确政府财政补贴的方向和重点，同时对行业的生产总量进行监测与控制，保证供求均衡。二是实行价格补贴，维持蛋鸡产业链价格体系的稳定。加大对主要饲料原料玉米、大豆等农作物的补贴，从根本上解决饲料原料成本高的问题，降低外部经济环境造成的价格大起大落，保证蛋鸡企业获得正常的利润空间。三是尽快出台蛋鸡保险政策，落实畜禽养殖保

险业务，减少蛋鸡行业受到不可控因素的影响，降低行业风险，确保蛋鸡养殖生产平稳进行。四是建立全行业从业者统一的档案数据库系统，加快蛋鸡行业信息化建设，实现全国蛋鸡产品价格和原料以及其他生产资源价格的跟踪、报告和管理，准确预报价格趋势，以及在此基础上的产品行情预报。五是建立疫病疫情动态的数据监测系统，在第一时间以最快速度确定疫情发生点，进行迅捷有效的疫情控制，把传染病的危害降到最低。通过以上措施，逐步实现蛋鸡养殖产业的一体化、有序化发展。

6. 加强品牌化建设

2000年以前，市场上销售的盒装鸡蛋只占0.1%，随着人们对食品安全、食品营养认识的提高，经过清洗、保鲜、包装的品牌鸡蛋越来越受到人们的欢迎，并且价格比普通鸡蛋贵0.4~0.8元/千克，现在品牌鸡蛋在市场几乎占到了1/5。另外，解决鸡蛋的质量安全问题也是进一步拓展国际贸易市场的关键！国际贸易门槛的提高，一方面限制了我国鸡蛋的出口，另一方面也对我国的鸡蛋提出了更高的要求。所以对于蛋鸡养殖企业而言，提高品质是目前需要解决的首要问题，可以说未来几年品牌鸡蛋将领军市场。

第二章 蛋鸡场规划及蛋鸡舍建造

一、蛋鸡养殖场场址的选择

蛋鸡养殖场的场址选择关系到将来鸡场的卫生防疫、环境控制、生产安全、产品质量及日常管理工作。选址时既要考虑鸡场生产对周围环境的要求（NY/T 388—1999畜禽场环境质量标准），也要尽量避免鸡场产生的异味、废弃物对周围环境的影响，要符合《畜禽养殖业污染防治技术规范》(HJ/T 81—2001)。蛋鸡养殖场的选址应考虑以下因素。

（一）选址的原则

1. 选址首先要考虑鸡的健康生存和安全生产，周围环境应符合鸡群的生物学特点和行为习性的要求。

2. 应符合鸡场的安全防疫措施（如全进全出、区域隔离等）。

3. 应坚持农牧结合、种养平衡的原则，根据饲养量，配建具有相应加工处理能力的粪便污水处理设施或处理机制。以达到国家或区域对污染物排放必须达标的要求（畜禽养殖业污染物排放标准）。

（二）选址要求

选址首先要考虑场址的自然条件（地形地势、土壤、水源、地质、气候等）和社会条件（交通、供电、环境、疫情、社会风俗习惯等），这些将直接关系到鸡场的建设投资、卫生防疫、环境控制、生产安全、生产效率、产品质量、日常能耗和日常管理等。因此，场址选择要进行全面充分调查研究，仔细分析讨论后确定。

1. 地形地貌

养鸡场的场地应为地势高燥而平坦且有一定的坡度，向阳、通风、排水良好，有利于鸡场内、外环境的控制。选址时还应注意当地的气候变化条件，不能建在昼夜温差过大的地区。要远离有地质灾害隐患的地域，如在靠近河流、湖泊的地区建场时，场址要选在比当地历史水文资料记载最高水位高2米以上的位置，且不能造成河流、湖泊的污染；在山区建场应选择地势稍平缓的坡地，场内总坡度不能超过25%，建筑区的坡度应在2%以内，并且要注意地质构造，一定要避开断层、滑坡、塌方的地段；要注意避开坡地和谷地以及风口，以免遭受山洪和暴风雪的袭击。在平原地区建场时，应选择地势稍高的平坦、开阔地区，地下水位应低于建筑物地基深度1米以下（图2-1）。

图2-1　平原地区蛋鸡场选址

2. 地理和交通

蛋种鸡场应远离中心城市。蛋鸡场宜建在城郊，要考虑运进饲料、运出鸡蛋、业务人员往来等成本。离大城市20～50千米，离居民点和其他家禽场15千米。距离种鸡场应2千米以上，且附近无居民点、集市、畜牧场、屠宰场、水泥厂、钢铁厂、化工厂等，这样的场地既安静又卫生。应远离铁路不少于2千米，一般要求距主要公路500米以上、次要公路100～300米以上，但应交通方便、接近公路，自修公路能直达场内，以便运输原料和产品（图2-2）。

图2-2　蛋鸡场与外界连接的自修公路

3. 土壤和水源

鸡场的土壤应具备一定的卫生条件，要求过去未被鸡的致病细菌、病毒和寄生虫污染过，透气性和透水性良好，以便保证地面干燥。对于采用机械化装备的鸡场还要求土壤压缩性小而均匀，以承担建筑物和将来使用机械的重量。总之，鸡场的土壤以沙壤和壤土为宜，这样的土壤排水性能良好，隔热，不利于病原菌的繁殖，符合鸡场的卫生要求。

鸡场要求水源充足，水质良好，水源中不能含有病菌和毒物，无异味，清新透明，符合饮用水标准，最好是城市供给的自来水。水的pH值不能过酸或过碱，即pH值不能低于4.6，不能高于8.2，最适宜范围为6.5～7.5。硝酸盐不能超过45毫升/升，硫酸盐不能超过250毫升/升。尤其是水中最易存在的大肠杆菌含量不能超标。水质应符合NY 5027无公害食品、畜禽饮用水标准。表2-1是《农产品安全质量—无公害畜禽肉产地环境要求》中对畜禽饮水质量提出的标准，供蛋鸡场选址参考。

表2-1　畜禽饮水质量标准

项目	指标	项目	指标
砷（毫克/升）	≤ 0.2	氟化物（毫克/升）	≤ 1.0
汞（毫克/升）	≤ 0.001	氯化物（毫克/升）	≤ 250
铅（毫克/升）	≤ 0.1	六六六（毫克/升）	≤ 0.001
铜（毫克/升）	≤ 1.0	滴滴涕（毫克/升）	≤ 0.005
铬（六价）（毫克/升）	≤ 0.05	总大肠杆菌群（个/升）	≤ 10
镉（毫克/升）	≤ 0.01	pH 值	6.4～8
氰化物（毫克/升）	≤ 0.05		

4.电源

蛋鸡场的照明、通风、加温、降温、自动喷雾及种鸡场的孵化等设备，都需要稳定的、不间断的电力供应，因此蛋鸡场要求电力24小时供应，对于蛋种鸡场、较大型的蛋鸡养殖场必须具备备用电源，如双线路供电或发电机等（图2-3，图2-4）。

图2-3　蛋鸡场供电设备

图2-4　蛋鸡场备用发电设备

二、蛋鸡养殖场建筑设计

(一) 规划与布局

不管采用什么类型的饲养方式、养什么品种、是蛋种鸡场还是商品蛋鸡场，在考虑规划布局问题时，均要以有利于防疫、排污和生活为原则。尤其应考虑风向和地势，通过鸡场内各建筑物的合理布局来减少疫病的发生和有效控制疫病。鸡场各种房舍和设施的分区规划，主要从有利于防疫，有利于安全生产出发（图2-5）。

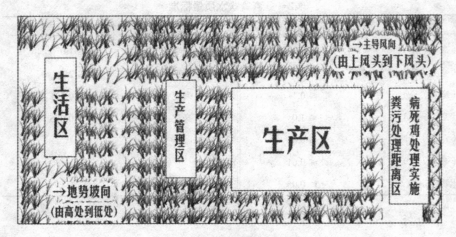

图2-5 蛋鸡养殖场布局

鸡场内生活区和生产管理区、生产区应严格分开，并有一定缓冲隔离距离，可以用水渠、绿化带进行隔离（图2-6）。进入生产区的入口，应有车辆消毒池、人员更衣室和消毒房等。生活区和生产管理区在风向上与生产区相平行。有条件时，生活区可设置于鸡场之外，把鸡场变成一个独立的生产机构。这样既便于信息交流及产品销售，又有利于养殖场传染病的控

图2-6 生产区外的隔离水渠及绿化

制。否则，如果隔离措施不严，会造成将来防疫工作的重大失误，各种疫病连绵不断地发生，产生不必要的损失（图2-7、图2-8）。

图2-7　车辆消毒池　　　　　　　　图2-8　人员更衣、消毒房

　　生产区是鸡场布局中的主体，应慎重对待。鸡场生产区内，应按规模大小、饲养批次、日龄将鸡群分成数个饲养小区，区与区之间应有一定的隔离距离，每栋鸡舍之间应有隔离措施，如围墙、绿化带、水渠等。各鸡舍、区域间距离见表2-2。

表2-2　鸡舍、区域间距离

间距名称	最小距离范围（米）
育雏育成舍间距	15～25
产蛋鸡舍间距	15～25
育雏育成舍与产蛋舍间距	30～70
生活区与生产区间距	50～60
生活区与粪污处理隔离区	200～300
生产区与粪污处理隔离区	50

　　鸡场生产区内道路布局应分为清洁道和脏污道，其走向为育雏室、育成舍、成年鸡舍，各舍有入口连接清洁道；脏污道主要用于运输鸡粪、死鸡及鸡舍内需要外出清洗的脏污设备，其走向也为育雏室、育成舍、成年鸡舍，各舍均有出口连接脏污道。清洁道和脏污道不能交叉，以免污染。生产区内布局还应考虑风向，从上风方向至下风方向，按鸡的生长期应安排育雏室、育成舍和成年鸡舍，这样有利于保护重要鸡群的安全。鸡场为了环境保护、

防疫和促进安全生产、提高经济效益，各鸡舍间应有绿化隔离带（以草坪、低矮植物为好），以隔离净化各个区域。

（二）鸡舍建筑设计

在进行鸡舍建筑设计时应根据鸡舍类型、饲养方式、饲养对象来考虑鸡舍内地面、墙壁、外形及通风条件等因素，以求达到舍内最佳环境，满足生产的需要。

1. 鸡舍类型

（1）育雏室：由于雏鸡体温调节机能差，育雏期需要的温度较高，因此设计育雏舍时应以隔热保温为重点。育雏室冬天在采取取暖措施的前提下，最高温度应能达到38℃。

（2）育成舍：指饲养7周龄至产蛋前（转入产蛋笼）阶段的鸡舍。规模小的蛋鸡养殖场在实际操作中不另外建造育成舍，而是在育雏室饲养8～10周龄左右时，直接转入产蛋舍。

（3）产蛋鸡舍：饲养商品代产蛋鸡的鸡舍。根据饲养方式分为开放式鸡舍和密闭式鸡舍。

开放式鸡舍：这种鸡舍适用于广大农村地区，我国大部分蛋鸡养殖场尤其是农村养鸡户均采用此种鸡舍。开放式鸡舍是采用自然通风和自然光照+人工辅助光照的形式。鸡舍内温度、湿度、光照、通风等环境因素控制得好坏，取决于鸡舍设计、鸡舍建筑结构的合理程度。同时鸡舍内饲养鸡的品种、数量的多少、笼具的安放方式（如阶梯式、平置式、叠放式）等均会影响舍内通风效果，温、湿度及有害气体的控制等。产蛋鸡舍的小气候参数见表2-3。因此在设计开放式鸡舍时应充分考虑到以上因素（图2-9，图2-10，图2-11）。

图2-9　前后敞开式棚舍

图2-10 简易开放鸡舍A

图2-11 简易开放鸡舍B

表2-3 产蛋鸡舍的小气候参数

鸡舍类型	温度（℃）	相对湿度（%）	噪音允许强度（分贝）	尘埃允许含量（毫克/米³）	CO_2允许浓度（%）	NH_3允许浓度（毫克/米³）	H_2S允许浓度（毫克/米³）
密闭式	20～18	60～70	90	2～5	0.2	13	3
开放式	12～16						

密闭式鸡舍：这种鸡舍因建筑成本昂贵，要求24小时能提供电力等供应，技术条件也要求较高，一般适宜于大型机械化鸡场和大型蛋鸡养殖企业。密闭式鸡舍无窗（或有不能开启的小窗），完全密闭，屋顶和四周墙壁隔热性能良好，舍内通风、光照、温度和湿度等都靠人工通过机械设备进行控制。这种鸡舍能给鸡群提供适宜的生长环境，鸡群成活率高，可较大密度饲养，但成本较高（图2-12）。

图2-12 密闭式鸡舍

（4）种鸡舍：饲养蛋种鸡的产蛋鸡舍。种鸡舍设计时应重点考虑当地的气候条件，寒冷地区应以保温为主，炎热地区应以通风降温为主。种鸡舍一般为密闭式，舍内安装2层或3层阶梯产蛋鸡笼（图2-13）。

图2-13　种鸡舍内景

2. 鸡舍面积

鸡舍面积的大小直接影响鸡的饲养密度，合理的饲养密度可使雏鸡获得足够的活动范围，足够的饮水、采食位置，有利于鸡群的生长发育。密度过高会限制鸡群活动，造成空气污染、温度增高，诱发啄肛、啄羽等现象，同时，由于拥挤，有些弱鸡经常吃不到饲料，体重不够，造成鸡群均匀度过低。当然，密度过小，会增加设备和人工费用，保温也较困难，通常雏鸡、中鸡饲养密度为：0~3周龄每平方米50~60只，4~9周龄为每平方米30只，10~20周龄为每平方米10~15只。对于成年产蛋鸡，如为阶梯笼养蛋鸡，根据每个鸡笼面积大小，一般饲养2~3个母鸡。生产中一个方笼或一组阶梯笼所占地面积一般为4平方米左右。在开放式产蛋鸡舍中（一般高床全网面型），鸡体型大小不一样，密度有一定的差异，一般每平方米饲养鸡在6~9只。鸡舍跨度通常为9~12米（根据舍内笼具、走道宽度和通风条件而定），一般每列鸡笼留2.2米宽，每条走道留0.8米宽，鸡舍实际跨度要根据所安放设备进行设计。鸡舍的长度主要受场地、饲养规模、饲养方式限制，目前，蛋鸡舍长度普遍在20~70米之间。

3. 屋顶形状

鸡舍屋顶形状有很多种，如双坡三角式、平顶双落水式、圆弓双落水式等。一般根据当地的气温、通风等环境因素来决定。在南方干热地区，屋顶可适当高些以利于通风，北方寒冷地区可适当矮些以利于保温。生产中大多数鸡舍采用三角形屋顶，坡度值一般为1/4～1/3。屋顶材料要求隔热性能良好，以利于夏季隔热和冬季保温。鸡舍高度（屋檐高度）为2.5～3

图2-14　双坡三角式屋顶

米，采用双坡三角式屋顶，笼具设备的顶部与横梁之间的距离为0.7米，采用平顶双落水式屋顶，笼具设备的顶部与横梁之间的距离应在1米以上。虽然增加高度有利于通风，但会增加建筑成本，冬季增加保温难度，故鸡舍高度不需太高（图2-14、图2-15、图2-16）。

图2-15　平顶双落水式屋顶

图2-16　圆弓双落水式屋顶

4. 鸡舍墙壁和地面

开放式鸡舍育雏室要求墙壁保温性能良好，并有一定数量可开启、可密闭的窗户，以利于保温和通风。产蛋鸡舍前、后墙壁有全敞开式、半敞开式和开窗式几种。敞开式一般敞开1/3～1/2，敞开的程度取决于气候条件和鸡的品种类型。敞开式鸡舍在前、后墙壁进行一定程度的敞开，但在敞开部位可装上玻璃窗，或沿纵向装上尼龙帆布等耐用材料做成的卷帘，这些玻璃窗或卷帘可关、可开，根据气候条件和通风要求随意调节；开窗式鸡舍则是在前、后墙壁上安装一定数量的窗户调节室内温度和通风。

鸡舍地面应高出舍外地面0.3～1米，舍内应设排水孔，以便舍内污水的顺利排出。地基应为混凝土地面，保证地面结实、坚固，便于清洗、消毒。在潮湿地区建造鸡舍时，混凝土地面下应铺设防水层，防止地下水湿气上升，保持地面干燥。为了有利于舍内清洗消毒时的排水，中间地面与两边地面之间应有一定的坡度（图2-17，图2-18）。

图2-17　开放式育雏育成舍　　　　图2-18　开放式育雏育成舍内景

三、蛋鸡养殖场的设备

（一）环境控制设备

任何一个优良的品种，如果没有良好的环境控制设备来保持鸡舍的环境，它的生产性能是不会发挥出来的，因此，良好的环境控制设备是蛋鸡养殖场的基础。

1. 通风换气设备

炎热的夏天，当气温超过30℃时，鸡群会感到极不舒适，生长发育和产蛋性能会严重受阻，此时除了采取其他抗热应激和降温措施之外，加强舍内通风是主要的手段之一。通风设备一般有轴流式风机、离心式风机、吊扇和圆周扇。通风方式是采用风扇送风（正压通风）、抽风方式（负压通风）和联合式通风，安装位置应安放在使鸡舍内空气纵向流动的位置，这样通风效果才最好，风扇的数量可根据风扇的功率，鸡舍面积，鸡只数量的多少，气温的高低来进行计算得出。根据《家畜环境卫生学附牧场设计》（全国统编教材）中的资料，蛋鸡舍通风参数见表2-4。实践中夏季为减缓热应激，一般气流速度要求达到1米/秒以上。

表2-4　蛋鸡舍通风参数

鸡舍类型	换气量［立方米/（小时·千克体重）］		气流速度（米/秒）
	冬季	夏季	
产蛋鸡舍	0.7	4.0	0.3～0.6
1～9周龄雏鸡舍	0.8～1.0	5.0	0.2～0.5
10～22周龄青年鸡舍	0.75	5.0	0.2～0.5

（1）鸡舍的纵向通风设计：对于饲养量较大的鸡舍（长度超过40米）多数采用纵向通风方式。即将工作间设置在鸡舍前端（靠近净道）的一侧，将前端山墙与屋檐平行的横梁下2/3的面积设计为进风口，外面用金属网罩以防鼠、雀，冬季可将进风口适当关小或用草帘、塑料布遮挡一部分。风机安装在鸡舍末端山墙上，要求风机规格大小匹配，以满足不同季节不同通风量的要求（图2-19、图2-20）。

图2-19　鸡舍进风口

图2-20　鸡舍排风口

（2）鸡舍的横向通风设计：饲养量小的鸡舍一般采用自然通风，即通过门窗和屋顶的天窗进行通风。窗户一般开在每间房南北墙的中上部，窗户下方另设一个地窗（高约40厘米，宽约80厘米）。每间或每间隔2间在屋顶设置一个可调节通风口的天窗。在鸡舍北墙下窗安装风机，冬季风机开启后气流从南窗进入，北侧向外排风，形成横向通风；夏季可将风机反转，风机向鸡舍内吹风，热空气从南侧窗户排出。

2. 温度控制设备

（1）供温设备：育雏期需要加热设备，以保证育雏室内在寒冷季节也能达到38℃。传统的一般采用火炉或烟道供暖，也有用保温伞和红外灯泡辅助育雏的，现在大企业基本采用暖风炉供暖（图2-21、图2-22）。

图2-22 热风炉

图2-21 供热锅炉

（2）降温设备：北方部分地区，如果采用开放式蛋鸡舍，饲养量又不是很大，在夏天最热时稍采取措施，如把墙壁、房顶涂白、中午在鸡舍周围喷洒冷水、鸡舍内吊扇开启、饲料中加小苏打等即可。而封闭式鸡舍及南方地区则必须安装湿帘/风扇降温系统。该系统包括湿帘、循环水系统、轴流式风机和控温系统四部分。此种降温方式降温效果明显，一般可以使进入鸡舍的空气温度降低4～6℃，故近年新建鸡场普遍使用湿帘/风扇降温系统（图2-23、图2-24）。

图2-23 降温湿帘

图2-24 降温、排风风扇

喷雾降温系统：把水管和雾化喷头固定安装在鸡舍顶部或行走式料车上，平时做带鸡消毒用，当需要降温时打开高压水泵，喷头喷出的水雾吸附鸡舍内空气中的热量后，通过风机排出鸡舍外，以此达到降温目的（图2-25、图2-26）。

图2-25 固定在鸡舍顶部的高压喷头

图2-26 固定在行走式料车上的高压喷头

3. 光照控制设备

光照是舍内环境控制中的一个比较重要的因素。光照控制设备包括照明灯、电线、电缆、控制系统和配电系统。密闭鸡舍适用的有遮光流板和24小时可编光照程序控制器。鸡舍照明通常用白炽灯（25～40瓦），灯泡安在鸡舍走道的正中间，间隔3～3.3米，距离地面1.7～1.9米，每条走道单独安装一个开关，灯泡安装一定要使照在鸡群活动范围内的光线均匀（图2-27、图2-28）。

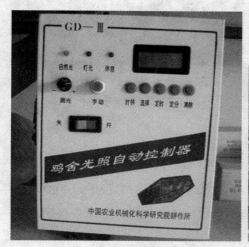

图2-27 鸡舍光照自动控制器

图2-28 鸡舍内光照

4. 清洗消毒设备

主要有火焰喷烧消毒器、喷雾消毒器、高压冲洗消毒器、自动喷雾器。火焰喷烧消毒器用于空舍进鸡前对墙壁、地面及设备进行喷烧消毒，以汽油或液化气作燃料；喷雾消毒器用于平时鸡舍内带鸡消毒和周围环境消毒；高压冲洗消毒器对使用后的鸡舍进行冲洗消毒；自动喷雾器用于大型鸡场日常鸡舍内带鸡消毒（图2-29、图2-30、图2-31、图2-32）。

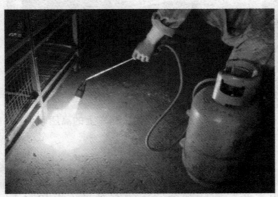
图2-29　燃气火焰喷烧器

图2-30　喷雾器

图2-31　小型高压冲洗消毒机

图2-32　大型高压冲洗消毒机

（二）饲养设备

1. 笼具设备

（1）育雏设备　平面网上育雏设备：雏鸡饲养在鸡舍内离地面一定高度的平网上，平网可用金属、塑料或竹木制成，平网离地高度80～100厘米，网眼为1.2厘米×1.2厘米。这种方式雏鸡不与地面粪便接触，可减少疾病传播（图2-33）。

育雏笼设备：雏鸡饲养在育雏笼内，育雏笼用金属、塑料制成，一般由5个独立结构拼接为一组，总体结构为4层，每层高333毫米，规格一般为总高1725毫米，长4404毫米，宽1396毫米。每组可饲养1～45日龄的雏鸡700～800只。这种方式虽然增加了育雏笼的投资成本，但有以下几方面的优点：提高了单位面积的育雏数量和房屋利用率；雏鸡发育整齐，减少了疾病传染，提高了成活率（图2-34）。

图2-33　网上育雏

图2-34　育雏笼

（2）育成设备　用于育雏的网上平养和笼养设备均可用来育成，但鸡的饲养密度应随鸡的日龄增加而降低，网上平养密度为20只/平方米左右。现在多使用育雏育成笼，笼养一般为20～30只/平方米左右，并随时调整饲槽、水线高度，保证鸡群能方便采食到料和水（图2-35、图2-36）。

图2-35　育雏育成笼

图2-36　安装好的育雏育成笼

（3）产蛋鸡设备　目前实际生产中蛋种鸡均为人工授精，为了便于操作蛋种鸡笼采用三层阶梯结构。这样安装各层几乎完全错开，粪便直接掉入粪坑或地面，不需要安装承粪板。为了方便人员进行人工授精时的操作，也可采用两层阶梯结构。商品蛋鸡为了节约投入、增加饲养密度，多采用叠层式笼养，即多层鸡笼相互完全重叠，每层之间有竹、木等材料制成的承粪板。人工饲喂、人工捡蛋多为三层，完全自动化的可以为4～5层（图2-37）。

图2-37　三层阶梯式蛋鸡笼

2. 饮水设备

鸡舍内饮水设施的种类很多，发展趋势以节水和利于防疫为主，可根据不同的饲养阶段、饲养方式选择相适应的饮水设备。

（1）过滤器和减压装置　过滤器用于滤去水中的杂质，应有较大的过滤能力和一定的滤清作用。鸡场一般用自来水或使用水塔供水，其水压为51～408千帕，适用于水槽饮水，若使用乳头式或杯式饮水系统时，必须安装减压装置。常用的有水箱和减压阀两种，特别是水箱，结构简单，便于投药，生产中使用较普遍（图2-38、图2-39）。

图2-38　水过滤器

图2-39　水箱

（2）水槽　是过去生产中较为普遍的供水设备，平养和笼养均可使用。但耗水量大，易传播疾病。饮水槽分V形和U形两种，深度为50～60毫米，上口宽50毫米，长度按需要而定（图2-40）。

图2-40　V形水槽

（3）饮水器　常用的有真空式、吊塔式、乳头式、杯式等多种。平养鸡舍多用真空式和吊塔式，笼养鸡舍多用乳头式和杯式饮水器。其中乳头式饮水器具有较多的优点，可保持供水的新鲜、洁净，极大地减少了疾病的发病率；节约用水，水量充足且无湿粪现象，改善了鸡舍的环境（图2-41、图2-42、图2-43）。

图2-41　饮水器

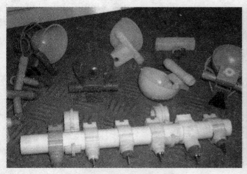

图2-42　各种饮水乳头

图2-43　乳头式饮水系统

3. 饲喂设备

料塔和上料输送装置是机械化养鸡设备之一。喂料机有链式、塞盘式、螺旋弹簧式等。给料车有骑跨式给料车、行车式给料车、手推式给料车等。全自动行车式喂料系统，在笼养鸡舍中常用，优点坚固耐用、维修费用低、能耗低，每只鸡都能获得同样质量的新鲜饲料。料槽多用于笼养鸡舍，料桶、料盘多用于平养鸡舍（图2-44、图2-45、图2-46、图2-47和图2-48）。

图2-44　斗式供料车

图2-45　行车式供料车

图2-46　产蛋鸡笼与料槽

图2-47　料桶

图2-48　料盘、塞盘式料线

4. 清粪设备

刮粪板自动清粪设备、人工清粪板和清粪车（图2-49）。

图2-49 牵引式刮粪板

第三章　蛋鸡品种介绍

一、蛋鸡品种的特点

目前我国饲养的蛋鸡品种以引进品种为主，自主培育的蛋鸡品种饲养量所占比例很少，我国原始地方鸡品种及自主培育的品种、配套系，肉质虽好，但产蛋量相对较少，多用于健康养殖和特种养殖。蛋鸡的品种很多，世界上有400多个品种，但目前流传下来用于育种的已经很少，主要有白来航鸡、白洛克鸡、洛岛红鸡、新汉夏鸡、芦花洛克鸡等。2006年由陈国宏、王克华、王金玉等编写的《中国禽类遗传资源》一书，共介绍了11个引进蛋用型鸡品种（品系），29个引进蛋用型鸡配套系，108个我国地方原始地方鸡品种，19个国内培育品种（品系），19个国外培育的蛋鸡配套系。

（一）白壳蛋鸡

白壳蛋鸡主要是以白来航鸡为基础选育而成的，是蛋用型鸡的典型代表，它在世界范围内饲养量多，分布广。主要特点是：体型小，耗料少，开产早，产蛋量高，饲料报酬高，饲养密度大，效益好，适应性强，商品蛋中血斑和肉斑发生率很低，商品代鸡可羽速自别，最适宜集约化笼养管

图3-1　白壳鸡蛋

理。主要问题是蛋重小，蛋皮薄，抗应激性差，啄癖多，特别是开产初期啄肛造成的伤亡率较高，所以在早期断喙时要多加注意。近年来在个别省份，因白壳蛋鸡的饲养量减少，白壳鸡蛋的价格反而要高（图3-1）。

（二）褐壳蛋鸡

褐壳蛋鸡是在肉蛋兼用型品种鸡基础上，利用现代育种手段选育出的高产蛋鸡配套品系，而且随着育种技术的发展，褐壳蛋鸡的产蛋量有了长足地提高，加之消费者的喜爱，使褐壳蛋鸡在世界范围内增长较快，它的优点是：蛋重大，破损率低，便于运输和保存；鸡的性情温驯，对应激因素的敏感性低；鸡啄癖少，死亡率低，好管理，商品代鸡可羽色自别雌雄；体重较大，产肉量较高，产蛋期结束淘汰时价格较高。主要不足是体重较大，耗料高（每天比白羽鸡多耗料5～6克），占笼面积大（每只鸡比白来航鸡多占笼位面积15%左右），耐热性差；对饲养技术的要求比白壳蛋鸡高，易肥胖，易感染大肠杆菌病，鸡蛋中血斑、肉斑率高，感观不佳。近年来，一些育种公司通过选育已使褐壳蛋鸡的体重接近白壳蛋鸡（图3-2）。

图3-2　褐壳鸡蛋

（三）粉壳蛋鸡

我国地方品种鸡产的蛋多为粉壳蛋。近些年来，许多育种公司用白壳蛋鸡和褐壳蛋鸡杂交生产粉壳蛋鸡，成年母鸡羽色多以白色为基础，夹杂有黄、黑、灰等杂羽色斑。粉壳蛋鸡最显著的特点是能表现出较强的褐壳蛋与白壳蛋的杂交优势，产蛋多，饲料报酬高。但生产性能不稳定。由于粉壳商品蛋鸡杂交优势明显，生活力与产蛋性能都比较突出，近年来发展速度较快，且因蛋壳颜色与我国许多地方鸡种的蛋壳颜色接近，其产品多以"土鸡蛋"出售，利润空间较大。粉壳蛋鸡的培育有两个途径：一是父系为中型种鸡，母系为轻型种鸡，其特点是：父母代种母鸡体型较小，占笼位面积较少，商品代母鸡体重较轻，耗料较少，产蛋数较多，蛋重小更接近真正的土鸡蛋。二是父系为轻型种鸡，母系为中型种鸡，其特点是：父母代种母鸡体型较大，耗料较多，商品代母鸡体重和蛋重较大（图3-3）。

（四）绿壳蛋鸡

源自于我国原始地方品种，如麻城绿壳蛋鸡、东乡黑鸡。尤其东乡黑鸡，是一种十分奇特的蛋鸡新品种。它的皮、毛、肉、血、内脏均为黑色，但所产的蛋壳却为绿色。它的蛋白浓厚，蛋黄呈橘黄色，含有大量的卵磷脂和维生素A、维生素B、维生素E及微量元素碘、锌、硒。东乡黑鸡性情温和，喜群居，抗病力强，适应性广。主食五谷杂粮，喜食青草、青菜、嫩树叶，母鸡年产蛋150枚，受精率、孵化率均可达90%，出壳养90天可达562克（图3-4）。

图3-3　粉壳鸡蛋

图3-4　绿壳鸡蛋

二、主要蛋鸡品种介绍

（一）引进蛋鸡品种（品系）

1.来航鸡

属蛋用型鸡品种（图3-5）。原产于意大利中部，1835年经意大利来航港传入美国，因而得名，1874年被列为一个品种。1900年以后再由美国西部及世界其他一些国家的长期改良选育，现在已成为世界有名的高产蛋鸡品种。来航鸡是目前世界上饲养量最大的蛋鸡品种。我国在20世纪20年代和30年代初期先后几次引进该品种，来航鸡在20世纪中后期遍布我国各地，近年的饲养量有所减少。

来航鸡体型轻秀，轻巧活泼。有单冠和玫瑰冠2种，以单冠白羽生产性能高，分布最为普遍。耳叶白色，喙、胫、趾、皮肤黄色，胫无毛，全身羽

毛紧密洁白。成年公鸡平均体重2700克，母鸡2000克。开产日龄140～150天，平均年产蛋260枚以上。蛋壳白色，蛋重55～60克，料蛋比2.4∶1。性成熟早，无就巢性。常用来航鸡的纯系或近交系的优秀组合生产配套系商品鸡（图3-5）。

2. 海兰白蛋鸡

由美国海兰公司培育，分W-98和W-36两个配套系（图3-6），在我国都有销售。目前饲养海兰祖代蛋鸡的有：北京峪口种鸡场、陕西西安海兰家禽发展公司、山东济南肥城种鸡场等。

（1）W-98父母代种鸡18周龄母鸡平均体重1240克，1～18周龄耗料6.01千克/只，成活率96%；平均开产日龄141天，27周龄产蛋达高峰，高峰产蛋率93%～94%。入舍母鸡60周平均产蛋数227～234枚，入舍母鸡80周龄平均产蛋数323～332枚。80周龄每只母鸡平均产合格种蛋280枚，平均产母雏121只，平均孵化率86%；19～70周龄日耗料91克/只，成活率94%。商品鸡18周龄平均体重1320克，1～18周龄耗料5.99千克/只，成活率98%；平均开产日龄144天，高峰产蛋率93%～95%；80周龄入舍母鸡产蛋率为20.9千克，平均蛋重60克；19～80周龄日耗料102克/只，料蛋比2.10∶1，成活率93%。

（2）W-36父母代种鸡18周龄母鸡平均体重1230克，1～18周龄耗料6.00千克/只，成活率97%；平均开产日龄155天，50%产蛋率日龄157天，29周龄产蛋达高峰，高峰产蛋率94%～95%。产蛋期18～80周龄，到80周龄成活率95%；70

周龄平均蛋重63克，料蛋比2.03∶1。75周龄入舍母鸡平均产蛋数299枚，每只母鸡平均产合格种蛋244枚，平均产母雏106只；19～70周龄日耗料102克/只，母鸡成活率95%。商品鸡18周龄平均体重1280克，1～18周龄耗料5.66千克/只，成活率97%；平均开产日龄148天，50%产蛋率日龄159天，高峰产蛋率92%～95%；80周龄入舍母鸡产蛋率为20.5千克，平均蛋重63克；料蛋比2.16∶1，成活率95%（图3-6）。

图3-6 海兰白蛋鸡

3. 罗曼白蛋鸡

罗曼白蛋鸡是德国罗曼公司育成的两系配套白壳蛋鸡，即精选罗曼SLS（图3-7）。由于其产蛋量高，蛋重大，引起了人们的青睐。据罗曼公司的资料，父母代种鸡20周龄母鸡体重1200～1400克，10～20周龄耗料7.2千克/只，成活率96%～98%；开产日龄147～154天，26～30周龄达产蛋高峰，高峰产蛋率91%～93%；72周龄入舍母鸡产蛋270～280枚，每只母鸡平均产合格种蛋243～253枚，平均产母雏95～102只；孵化率80%～83%；

图3-7 罗曼白蛋鸡

68周龄入舍母鸡体重1500～1700克，21～68周龄耗料38.0千克/只，母鸡成活率92%～96%。罗曼白商品代鸡：0～20周龄育成率96%～98%；20周龄体重1.3～1.35千克；150～155日龄达50%产蛋率，高峰产蛋率92%～94%，72周龄产蛋量290～300个，平均蛋重62～63克，总蛋重18～19千克，料蛋比2.3～2.4∶1；产蛋期末淘汰体重1.75～1.85千克；产蛋期存活率94%～96%。目前，河南华罗家禽育种有限公司已引进罗曼白鸡的父母代（图3-7）。

4. 宝万斯白蛋鸡

宝万斯白蛋鸡是荷兰汉德克家禽育种有限公司培育的白壳蛋鸡配套系（图3-8）。父母代种鸡20周龄体重1350～1400克，1～20周龄耗料7.1～7.6千克/只，成活率95%～96%；开产日龄140～150天，高峰产蛋率90%～92%；68周龄入舍母鸡产蛋260～265枚，产合格种蛋230～240枚，产母雏90～95只，体重1750～1850克；21～68周龄日耗料112～117克/只，成活率

图3-8　宝万斯白蛋鸡

92%～93%。商品蛋鸡20周龄体重1350～1400克，1～20周龄耗料6.8～7.3千克/只，成活率96%～98%；开产日龄140～147天，高峰产蛋率93%～96%；80周龄入舍母鸡产蛋327～335枚，蛋重61～62克，体重1700～1800克；21～80周龄日耗料104～110克/只，料蛋比2.10～2.20：1，成活率94%～95%（图3-8）。

5. 海赛克斯白蛋鸡

该鸡系荷兰优利布里德公司育成的四系配套白壳蛋鸡配套系（图3-9）。以产蛋强度高、蛋重大而著称，被认为是当代最高产的白壳蛋鸡之一。父母代种鸡20周龄母鸡平均体重1360克，1～20周龄耗料7.6千克/只，成活率95%；开产日龄147～154天；68周龄入舍母鸡平均产蛋258枚，平均产合格种蛋219枚，平均产母雏91只，平

图3-9　海赛克斯白蛋鸡

均蛋重60克，平均体重1740克；21～68周龄日耗料115克/只，成活率90.4%。商品蛋鸡17周龄体重1120克，1～17周龄耗料5.1千克/只，成活率95.5%；平均开产日龄145天；78周龄入舍母鸡平均产蛋量338枚，总蛋量20.5千克，平均蛋重60.4克，平均体重1700克；蛋料比2.07：1，产蛋期存活率92.5%（图3-9）。

6. 迪卡贝特蛋鸡

迪卡贝特蛋鸡是荷兰汉德克家禽育种有限公司培育的白壳蛋鸡配套系（图3-10）。父母代种鸡20周龄母鸡平均体重1360克，1～20周龄成活率95%；68周龄入舍母鸡平均产合格种蛋219枚，平均产母雏87只，平均蛋重60.2克；21～68周龄日耗料115克/只，成活率91%。商品蛋鸡18周龄平均体重1350克，育成期成活率96%；平均开产日龄146天，25～28周龄达产蛋高峰期，高峰产蛋率93%；78周龄

图3-10　迪卡贝特蛋鸡

入舍母鸡平均产蛋321枚，总蛋重20.5千克，平均蛋重64克，料蛋比2.14∶1，平均体重1760克，产蛋期成活率92%。

7. 尼克白蛋鸡

尼克白蛋鸡是德国罗曼家禽育种有限公司尼克子公司培育的三系白壳蛋鸡配套系（图3-11）。京白Ⅷ系就是以尼克白蛋鸡为素材选育的。父母代种鸡20周龄体重1270～1340克，1～20周龄耗料5.8～7.4千克/只，1～18周龄成活率96%～98%；平均开产日龄156天；68周龄入舍母鸡平均产蛋255枚，产合格种蛋220枚，产母雏88～95只，平均蛋重58克，体重1655～1725克；19～68周龄成活率93%～97%。商品蛋鸡18周龄平均体重1270克，1～18周龄耗料5.5千克/只，成活率95%～98%；开产日龄140～153天；80周龄入舍母鸡产蛋325～347枚，产蛋率90%以上持续时间为16～21周，产蛋率80%以上持续时间为34～43周，总蛋重20.8千克，平均蛋重61克，平均体重1780克；19～80周龄日耗料101～105克/只，料蛋比2.1～2.3∶1，成活率89%～94%（图3-11）。

图3-11　尼克白蛋鸡

8. 海兰褐蛋鸡

海兰褐蛋鸡是美国海兰国际公司培育的蛋鸡配套系（图3-12）。海兰褐与其他褐壳蛋商业配套系鸡种一样，也是四系配套。其父本为洛岛红型鸡的品种，而母本为洛岛白的品系。由于父本洛岛红和母本洛岛白分别带有伴性金色和银色基因，其配套杂交所产生的商品代可以根据绒毛颜色鉴别雌雄。海兰褐的商品代初生雏，母雏全身红色，公雏全身白色，可以自别雌雄，产褐壳蛋。海兰褐壳蛋鸡具有饲料报酬高、产蛋多和成活率高的优良特点，目前在我国褐壳蛋鸡的占有量可达80%。

图3-12 海兰褐蛋鸡

海兰褐父母代种鸡18周龄平均体重1510克；平均开产日龄150天，28周龄达产蛋高峰，高峰产蛋率93%；70周龄入舍母鸡平均产蛋267枚，平均产合格种蛋232枚，平均产母雏93只。商品蛋鸡18周龄平均体重1550克，1～18周龄耗料5.7～6.7千克/只；平均开产日龄149天，高峰产蛋率94%～96%；80周龄入舍母鸡平均产蛋334枚，总蛋重22.5千克；70周龄平均蛋重67克，平均体重2250克；21～80周龄料蛋比2.11∶1。

9. 罗曼褐蛋鸡

罗曼褐蛋鸡是德国罗曼家禽育种有限公司培育成功的优秀褐壳蛋鸡配套系，属当今世界上褐壳蛋鸡的佼佼者（图3-13）。商品代雏鸡可根据羽毛颜色自别雌雄，公雏为银白色，母雏

图3-13 罗曼褐蛋鸡

为金黄色。据近几年欧洲蛋鸡随机抽样测定结果，其生产性能均排在前列。尤其在蛋重、蛋壳质量和料蛋比等方面最为突出。我国最早在1983年引进祖代种鸡，以后也引进过曾祖代种鸡。罗曼褐壳蛋鸡可在全国绝大部分地区饲养，适宜集约化养鸡场、规模养鸡场、专业户和农户饲养。

父母代种鸡18周龄体重1400～1500克，1～20周龄耗料8.0千克/只，1～18周龄成活率97%，开产日龄147～161天，高峰产蛋率90%～92%；72周龄入舍母鸡产蛋数290～295枚，产合格种蛋255～260枚，产母雏100～103只。商品蛋鸡20周龄体重1500～1600克，1～20周龄耗料7.2～7.4千克/只，1～18周龄成活率97%～98%；开产日龄145～150天，高峰产蛋率92%～94%；72周龄入舍母鸡产蛋295～305枚，总蛋重18.5～20.5千克，平均蛋重64克，体重1900～2100克；19～72周龄日耗料108～116克/只，料蛋比2.0～2.2：1，成活率94%～96%。

10. 宝万斯褐蛋鸡

宝万斯褐蛋鸡是荷兰汉德克家禽育种有限公司培育的褐壳蛋鸡配套系（图3-14）。该品种的特点是：生活力强，产蛋量多，饲料效率高。由哈尔滨原种鸡场引进。

父母代种鸡20周龄体重1550～1650克，1～20周龄耗料7.8～8.2千克/只，成活率95%～97%；开产日龄145～154天，高峰产蛋率90%～92%；68周龄入舍母鸡产蛋数250～260枚，产合格种蛋220～230枚，产母雏90～95只，体重2000～2100克。21～68周龄日耗料117～120克/只，成活率92%～93%。商品蛋鸡20周龄体重1630～1730克，1～20周龄耗料7.5～8.0千克/只，成活率96%～98%；开产日龄138～145天，高峰产蛋率94%～95%；80周龄入舍母鸡产蛋330～335枚，平均蛋重62克，体重1050～2150克；21～80周龄日耗料114～117克/只，料蛋比2.20～2.30：1，成活率94%～95%。

图3-14 宝万斯褐蛋鸡

11. 宝万斯高兰蛋鸡

宝万斯高兰蛋鸡是荷兰汉德克家禽育种有限公司培育的褐壳蛋鸡配套系（图3-15）。父母代种鸡20周龄体重1550～1650克，1～20周龄耗料7.8～8.2千克/只，成活率95%～97%；开产日龄150～157天，28～29周龄达产蛋高峰，高峰产蛋率90%～92%；68周龄入舍母鸡产蛋245～250枚，产合格种蛋212～217枚，产母雏86～90只，体重2000～2100克；21～68周龄日耗料119～124克/只，成活率92%～93%。商品蛋鸡20周龄体重1640～1740克，

图3-15 宝万斯高兰蛋鸡

1～20周龄耗料7.5～7.9千克/只，成活率97%～98%；开产日龄137～147天，高峰产蛋率93%～97%；80周龄入舍母鸡产蛋326～331枚，总蛋重20.6～21.0千克，平均蛋重63克，体重2050～2200克；21～80周龄日耗料104～118克/只，料蛋比2.15～2.30：1，成活率93%～94%。

12. 宝万斯尼拉蛋鸡

宝万斯尼拉蛋鸡是荷兰汉德克家禽育种有限公司培育的褐壳蛋鸡配套系（图3-16）。济宁市祖代种鸡场国内独家引进。

父母代种鸡20周龄母鸡体重1700～1800克，1～20周龄耗料8.0～8.5千克/只，成活率96%～97%；开产日龄154～160天，高峰产蛋率90%～91%；68周龄入舍母鸡产蛋232～237枚，产合格种蛋200～205枚，产母雏82～85只，体重2200～2300克；21～68周龄日耗

图3-16 宝万斯尼拉蛋鸡

料120～126克/只，成活率93%～94%。商品蛋鸡20周龄体重1670～1770克，1～20周龄耗料7.9～8.3千克/只，成活率97%～98%；开产日龄150～157天，高峰产蛋率92%～94%；80周龄入舍母鸡产蛋318～323枚，总蛋重19.8～20.2千克，平均蛋重63克，体重2200～2300克；21～80周龄日耗料116～120克/只，料蛋比2.30～2.45：1，成活率94%～95%。

13. 海赛克斯褐蛋鸡

是荷兰尤利公司培育的优良蛋鸡品种，1985年我国首次引入祖代种鸡，目前在全国有十多个祖代或父母代种鸡场，是褐壳蛋鸡中饲养较多的品种之一（图3-17）。海赛克斯褐壳蛋鸡具有耗料少、产蛋多和成活率高的优良特点。商品鸡羽色自别。

父母代1～20周龄母鸡淘死率4%，母鸡20周龄体重1690克，

图3-17　海赛克斯褐蛋鸡

1～20周龄耗料量7.9千克/只，成活率96%；68周龄入舍母鸡产蛋251枚，平均产合格种蛋213枚，平均产母雏86只，平均蛋重60克，母鸡平均体重2190克；产蛋期21～68周日耗料121克/只，成活率97%。商品蛋鸡1～17周龄成活率97%，17周龄体重1410克，1～17周龄耗料5.7千克/只；产蛋率达50%的日龄为145天，76周龄入舍母鸡产蛋数324枚，产蛋量20.4千克，平均蛋重63.2克，料蛋比2.24：1，产蛋期成活率94.2%，21～76周龄日平均耗料116克/只，产蛋期末母鸡体重2100克。

14. 迪卡褐蛋鸡

迪卡褐蛋鸡是荷兰汉德克家禽育种公司培育的又一个褐壳蛋鸡良种（图3-18）。它原由美国迪卡公司培育，1998年兼并入荷兰汉德克家禽育种公司。该鸡种的显著特点是开产早、产蛋期长、蛋重大、产蛋量高、适应性强、饲料利用率高等；体型小，蛋壳棕红色，蛋黄橘黄色。种鸡四系配套，父本两系均为褐羽，母本两系均为白羽。商品代雏鸡可用羽色自别雌雄：公

雏白羽，母雏褐羽。

父母代种鸡18周龄母鸡体重1480克，1～18周龄成活率96%；60周龄入舍母鸡产合格种蛋213枚，平均产母雏83只，平均蛋重63克。商品蛋鸡：20周龄体重1650克；1～20周龄育成率97%～98%；24～25周龄达50%产蛋率，高峰产蛋率达90%～95%，90%以上产蛋率可持续12周，78周龄产蛋285～310枚，蛋重63.5～64.5克，总蛋重18～19.9千克，料蛋比

图3-18　迪卡褐蛋鸡

2.24～2.58∶1；产蛋期存活率90%～97%。产蛋期末体重2100～2200克。

15. 海兰灰蛋鸡

海兰灰蛋鸡是美国海兰国际公司培育的粉壳蛋鸡配套系（图3-19）。父母代种鸡18周龄母鸡平均体重1220克，1～18周龄耗料5.66千克/只，成活率95%；平均开产日龄149天，30周龄达产蛋高峰，高峰产蛋率92%；75周龄入舍母鸡平均产蛋306枚，平均产合格种蛋265枚，平均产母雏115只，平均孵化率86%，60周龄母鸡平均体重1680克；19～70周龄日耗料98克/只，母鸡成活率93%；公鸡羽毛红色，母鸡白色；皮肤黄色。商品鸡18周龄平均体重1450克，1～18周龄耗料6.1千克/只，成活率98%；平均开产日龄151天，高峰产蛋率94%；74周龄入舍母鸡平均产蛋305枚，总蛋重19.2千克，平均蛋重62克，70周龄

图3-19　海兰灰蛋鸡

平均体重1980克；21～74周龄成活率93%；羽毛从灰白色至红色，间杂黑斑，皮肤黄色。

16. 宝万斯粉蛋鸡

宝万斯粉蛋鸡是荷兰汉德克家禽育种有限公司培育的蛋鸡配套系（图3-20）。该品种的特点是：易饲养，抗病力强，产蛋量高；蛋壳粉色，蛋黄红色，蛋白鲜嫩营养丰富，类似土鸡蛋，有很好的保健作用；其产品进入农贸市场和超市很受市民欢迎，市场潜力大。

图3-20 宝万斯粉蛋鸡

父母代种鸡20周龄体重1350～1400克，1～20周龄耗料7.1～7.6千克/只，成活率95%～96%；开产日龄140～150天，高峰产蛋率91%～93%；68周龄入舍母鸡产蛋255～265枚，产合格种蛋225～235枚，产母雏90～95只，体重1700～1800克；21～68周龄日耗料112～117克/只，成活率93%～94%。商品蛋鸡，20周龄体重1400～1500克，1～20周龄耗料6.8～7.5千克/只，成活率96%～98%；开产日龄140～147天，高峰产蛋率93%～96%；80周龄入舍母鸡产蛋324～336枚，平均蛋重62克，体重1850～2000克；21～80周龄日耗料107～113克/只，料蛋比2.15～2.25∶1，成活率93%～95%。

17. 罗曼粉蛋鸡

罗曼粉蛋鸡是德国罗曼家禽育种有限公司培育的粉壳蛋鸡配套系（图3-21）。父母代种鸡1～18周龄成活率96%～98%；开产日龄147～154天，高

图3-21 罗曼粉蛋鸡

峰产蛋率89%~92%；72周龄入舍母鸡产蛋266~276枚，产合格种蛋238~250枚，产母雏90~100只；19~72周龄成活率94%~96%。商品蛋鸡20周龄体重1400~1500克，1~20周龄耗料7.3~7.8千克/只，成活率97%~98%；开产日龄140~150天，高峰产蛋率92%~95%；72周龄入舍母鸡产蛋300~310枚，总蛋重19.0~20.0千克，蛋重63.0~64.0克，体重1800~2000克；21~72周龄日耗料110~118克/只，料蛋比2.1~2.2：1，成活率94%~96%。蛋壳淡黄色。

18. 尼克粉蛋鸡

尼克粉蛋鸡是德国罗曼家禽育种有限公司尼克子公司培育的粉红壳蛋鸡配套系（图3-22）。该品种在亚洲表现极佳，性情温顺，易于管理，白羽粉蛋，产蛋率高，耗料少。父母代种鸡20周龄体重1270~1340克，1~20周龄耗料5.8~7.4千克/只，1~18周龄成活率96%~98%；平均开产日龄156天。68周龄入舍母鸡平均产蛋255枚，平均产合格种蛋220枚，产母雏88~95只，平均蛋重58克，体重1655~1725克；19~68周龄成活率93%~97%。商品蛋鸡18周龄体重1460~1500

图3-22 尼克粉蛋鸡

克，1~18周龄耗料5.8~6.2千克/只，成活率96%~98%；平均开产日龄154天；76周龄入舍母鸡产蛋315~326枚，总蛋重19.5~20.8千克，蛋重60~63克，平均体重1950克；19~76周龄日耗料101~115克/只，料蛋比2.1~2.3：1，成活率91%~94%。

（二）我国原始地方鸡品种

我国国土幅员辽阔，自然生态条件差异较大，在不同的地域分布着各具特色的地方鸡品种。多数鸡种是蛋肉兼用型，部分为产蛋或产肉，还有药用、观赏的。数量众多的地方品种为我国家禽育种工作者培育优质专门化品系提高了丰富的遗传资源。据分析，土鸡蛋的干物质、蛋白质和脂肪、脂溶性维生素含量均比笼养鸡蛋高，食用时的口感也明显好。

1. 右玉鸡

肉蛋兼用型。主产于山西省右玉县，分布于五寨、平鲁、偏关、神池、左云等地，以及与山西毗邻的内蒙古乌兰察布盟的凉城、和林、丰镇、兴和等地。该鸡种以适应性强、耐粗饲、耐寒、性情温顺、肉质鲜美而著称。

右玉鸡体型大，蛋重大。肉味鲜美，肉质细腻，肉色发红，肉中富含胶原蛋白；蛋黄比例大且沙，蛋黄金黄，鲜香适口。右玉鸡胸背宽深。喙石板色，较短，微弯曲。母鸡羽色以黄麻为主，有黑色、白色、褐麻色；公鸡羽毛金黄色，尾羽黑中带绿，长而弯垂。母鸡冠中等高，有单冠、玫瑰冠等，单冠多"S"形弯曲。胫青色或粉红色，以青色居多。少数鸡有凤冠、毛腿和五爪（图3-23至图3-30）。山西省农业科学院畜牧兽医研究所2007年通过收集民间散养的右玉鸡，进行组群整理和生产性能测定，至2010年9月经过4个世代的家系纯繁，已形成5个具有不同外形特征的固定品系：麻羽单冠、黑羽单冠、白羽单冠、有色羽复冠、白羽复冠。

资料介绍：母鸡平均开产日龄240天，平均年产蛋120枚，平均蛋重67克，高者可达84克。蛋壳褐色、粉色。公鸡性成熟期110～130天。180日龄公鸡重1284克，母鸡重1169克；成年公鸡重3000克，母鸡重2000克。

山西省农业科学院畜牧兽医研究所育种群数据：雏鸡出壳重32～36克；70日龄公鸡1100克，母鸡850克；180日龄公鸡2000克，母鸡1500克；成年公鸡2100～2500克，母鸡2000～2250克。120日龄公鸡平均全净膛屠宰率75%，母鸡71%。五个品系平均开产日龄165～185天；500日龄入舍母鸡平均产蛋120～150枚，蛋重55～60克。

图3-23 右玉鸡麻羽单冠公鸡

图3-24 右玉鸡麻羽单冠母鸡

图3-25 右玉鸡黑羽单冠公鸡

图3-26 右玉鸡黑羽单冠母鸡

图3-27 右玉鸡白羽单冠公鸡

图3-28 右玉鸡白羽单冠母鸡

图3-29　右玉鸡有色羽复冠

图3-30　右玉鸡白羽复冠

2. 北京油鸡

北京油鸡是北京地区特有的优良地方品种，距今已有300多年的历史。属肉蛋兼用型，具有特殊的外貌（即凤头、毛腿和胡子嘴），肉质细嫩，肉味鲜美，蛋质优良，生活力强和遗传性稳定等特点（图3-31）。

北京油鸡体躯中等，羽色

图3-31　北京油鸡

美观，主要为赤褐色和黄色羽色。赤褐色鸡体型较小，黄色鸡体型大。雏鸡绒毛呈淡黄或土黄色。冠羽、胫羽、髯羽也很明显，很惹人喜爱。成年鸡羽毛厚而蓬松。公鸡羽毛色泽鲜艳光亮，头部高昂，尾羽多为黑色。母鸡头、尾微翘，胫略短，体态墩实；单冠，冠小而薄，在冠的前端常形成一个小的"S"状褶曲。北京油鸡羽毛较其他鸡种特殊，具有冠羽和胫羽，有的个体还有趾羽。不少个体下颌或颊部有髯须，故称为"三羽"（凤头、毛腿和胡子嘴），这就是北京油鸡的主要外貌特征。

北京油鸡生长缓慢，出壳重38.4克，4周龄220克，8周龄549.1克，12周龄959.7克，16周龄1228.7克，20周龄公鸡1500克，母鸡1200克。全净膛屠宰率公鸡76.6%，母鸡65.6%。

母鸡平均开产日龄210天，开产体重1600克，在散养条件下平均年产蛋110枚，高的可达125枚，平均蛋重56克。蛋壳褐色、浅紫色。公鸡性成熟期60～90天。成年公鸡重2049克，母鸡重1730克。

3. 河北柴鸡

河北柴鸡属肉蛋兼用型。分布于河北省各地，主产于太行山沿线的保定、石家庄、邢台、邯郸。该鸡种体型小，好动，觅食能力及抗病力强（图3-32）。

河北柴鸡体型矮小，体细长，结构匀称，羽毛紧凑，骨骼纤细。母鸡以麻色、狸色为主，还有黑色、芦花、浅黄等色。

图3-32　河北柴鸡

公鸡羽色以"红翎公鸡"最多，有深色和浅色。冠型以单冠为主，有少数豆冠、玫瑰冠。胫呈铅色或苍白色，少数为绿色或黄色。经选育毛色由花、黄、黑、白等多种羽色选育为深黄色、黄麻色。

出壳重27克，30日龄76克，60日龄180克，90日龄70克，成年公鸡1650克，母鸡1230克。7月龄公鸡全净膛屠宰率62.59%，成年母鸡平均全净膛屠宰率60.00%。经选育成年公鸡体重1210～2100克，母鸡950～1600克。育肥90日龄公鸡体重1195克，母鸡体重842克，半净膛屠宰率80%以上，耗料与增重比3.5∶1。

母鸡平均开产日龄198天，平均年产蛋100枚，高者达200枚，平均蛋重43克。蛋壳浅褐色。公鸡性成熟期80～120天。经选育母鸡平均开产日龄150天，年产蛋200枚左右，平均蛋重45克，料蛋比3.8∶1。

4. 仙居鸡

又称梅林鸡，属小型蛋用鸡（图3-33至图3-35）。主产于浙江省仙居县及邻近的临海、天台、黄岩等地，分布于浙江省东南部。

仙居鸡体型小、产蛋多、早熟、就巢性弱。有黄、黑、白三种羽色。母鸡冠矮，羽色较杂，以黄色为主，尾羽为黑色。公鸡冠直立，羽黄红色，镰羽和尾羽为黑色。单冠，冠齿5~7个。胫、趾黄色或青色，以黄色居多。

出壳重33克；30日龄公鸡142克，母鸡113克；60日龄公鸡403克，母鸡279克；90日龄公鸡668克，母鸡495克；120日龄公鸡985克，母鸡684克；180日龄公鸡1257克，母鸡935克；成年公鸡1440克，母鸡1250克。

图3-33　仙居鸡黄羽

180日龄全净膛屠宰率公鸡71.00%，母鸡72.22%。

母鸡平均开产日龄184天，平均年产蛋213枚，高者达269枚，平均蛋重46克（图3-33至图3-35）。

图3-34　仙居鸡黑羽

图3-35　仙居鸡白羽

5. 汶上芦花鸡

芦花鸡原产于汶上县的汶河两岸故为汶上芦花鸡，属蛋肉兼用型（图3-36）。现以该县西北部的军屯、杨店、郭仓、郭楼、城关、寅寺6乡镇饲养数量最多，另与汶上县相邻地区也有分布。汶上芦花鸡遗传性能稳定，具有一致的羽色和体型特征，体型小，耐粗饲，抗病力强，产蛋较多，肉质好，深受当地群众喜爱，在当地饲养量较大，但近十年来随外来鸡种的推广，产区芦花鸡的数量已占很小的比例，鸡群开始混杂，种质出现退化，产蛋性能良莠不齐。

汶上芦花鸡体型呈"元宝"状，颈部挺直，前驱稍窄，背长而平直，后躯宽而丰满，胫较长，尾羽高翘。横斑羽是该鸡外貌的基本特征，全身大部分羽毛呈黑白相间、宽窄一致的斑纹状。母鸡头部和颈羽边缘镶嵌橘红色或黄色，羽毛紧密，清秀美观。公鸡颈羽和鞍羽多呈红色，尾羽呈黑色且带有绿色光泽。头型多为平头，冠以单冠为主，有少数胡桃冠、玫瑰冠、豆冠。喙基部为黑色，边缘及尖端呈白色。虹彩以橘红色为最多，土黄色为次之。爪部颜色以白色最多，皮肤白色。胫、趾以白色居多，也有花色、黄色或青色。

　　成年公、母鸡体重分别为1400克、1260克，体斜长分别为16.4厘米和17.8厘米。雏鸡生长速度受饲养条件，育雏季节不同有一定差异。到4月龄公鸡平均体重1180克，母鸡920克。羽毛生长较慢，一般到6月龄才能全部换为成年羽。公母鸡全净膛率分别为71.21%和68.91%。

　　母鸡性成熟期为150～180天，平均开产日165天，年产蛋130～150枚，高者达180～200枚，平均蛋重45克。蛋壳多为粉红色，少数为白色。公鸡性成熟期150～180天。公母比例1：12～15，种鸡受精率90%以上。就巢性母鸡约占3%～5%，持续20天左右。成年鸡换羽时间一般在每年的9月份以后，换羽持续时间不等，高产个体在换羽期仍可产蛋（图3-36）。

图3-36　汶上芦花鸡

6.固始鸡

　　蛋肉兼用型（图3-37）。原产于河南省固始县。主要分布于淮河流域以南、大别山山脉北麓的固始、商城、新县、光山、息县、潢川、罗山、信阳、淮滨等地，安徽省霍邱、金寨等地也有分布。

固始鸡个体中等，外观清秀灵活，体型细致紧凑，结构匀称，羽毛丰满，尾型独特。初生雏绒羽呈黄色，头顶有深褐色绒羽带，背部沿脊柱两侧各有4条深褐色绒羽带。成鸡冠型分为单冠与豆冠两种，以单冠者居多。冠直立，冠齿为6个，冠后缘冠叶分叉。冠、肉垂、耳叶和脸均呈红色。眼大略向外突起，虹彩呈浅栗色。喙短略弯曲、呈青黄色。胫呈靛青色，四趾，无胫羽。尾型分为佛手状尾和直尾两种，佛手状尾尾羽向后上方卷曲，悬空飘摇是该品种的特征。皮肤呈暗白色。公鸡羽色呈深红色和黄色，镰羽多带黑色而富青铜光泽。母鸡的羽色以麻黄色和黄色为主，白、黑色很少。该鸡种性情活泼，敏捷善动，觅食能力强。

固始鸡平均出壳重33克；30日龄106克；60日龄266克；90日龄公鸡488克，母鸡355克；120日龄公鸡650克，母鸡497克；180日龄公鸡1270克，母鸡967克；成年公鸡重2470克，母鸡重1780克。180日龄公鸡平均半净膛屠宰率81.76%，平均全净膛屠宰率73.92%；开产前母鸡半净膛屠宰率80.16%，平均全净膛屠宰率70.65%。

母鸡平均开产日龄205天，平均年产蛋141枚，平均蛋重51克。公鸡性成熟期110天。公母鸡配种比例1：12。种蛋平均受精率90.4%，受精蛋孵化率83.9%。公母鸡可利用年限1～2年。

图3-37　固始鸡

自1998年起，河南省三高集团利用固始当地的资源组建基础群，采用家系选育和家系内选择开展系统工作，形成了多个各具特色的品系。

7. 文昌鸡

肉蛋兼用型。主产于海南省文昌市，分布于海南省境内及广东省湛江等地（图3-38至图3-40）。文昌鸡以皮薄、骨酥、肌肉嫩滑、肉质鲜美、耐热、耐粗而著名。

图3-38　文昌白羽鸡

图3-39　文昌黄羽鸡

图3-40　文昌芦花鸡

文昌鸡羽色有黄色、白色、黑色和芦花等。体型前小后大，呈楔形，体躯紧凑，颈长短适中，胸宽，背腰宽短，结构匀称。单冠，冠齿6～8个。冠、肉髯、耳叶鲜红。皮肤米黄色，胫、趾短细，胫前宽后窄，呈三角形，胫、趾淡黄色。

文昌鸡平均出壳重28克；30日龄195克；90日龄公鸡1050克，母鸡980克；120日龄公鸡1500克，母鸡1300克；成年公鸡重1800克，母鸡重1500克。成年平均全净膛屠宰率75.0%；母鸡70.3%。

母鸡平均开产日龄145天，68周龄产蛋100～132枚，平均蛋重49克。蛋壳浅褐色或乳白色。公母鸡配种比例1：10～13。种蛋合格率95%以上，种蛋平均受精率90%，受精蛋孵化率90%。公鸡利用年限1～2年，母鸡2～3年。

8. 麻城绿壳蛋鸡

蛋肉兼用型。主产于湖北省麻城市各乡镇，尤以西张店、顺河集一带居多（图3-41、图3-42）。是大别山区自然形成的、以产绿壳蛋为特点的地方优良鸡种。

麻城绿壳蛋鸡体型较小，羽毛紧凑，外貌清秀，性情活泼，善于觅食，胆小，易受惊吓。母鸡体态清秀，头较小，羽毛有黄麻色、黑麻色、黑色等。公鸡头较大，冠多直立，冠、肉髯鲜红；肩背羽毛大多为金黄色，翘羽多为黑色。公母鸡多单冠。喙、胫有黄色和青色两种。

麻城绿壳蛋鸡平均出壳重30克；30日龄114克；60日龄284克；90日龄公鸡538克，母鸡498克；120日龄公鸡735克，母鸡676克；150日龄公鸡992克，母鸡888克；180日龄公鸡1117克，母鸡996克；240日龄公鸡平均半净膛屠宰率81.04%，全净膛屠宰率74.64%；240日龄母鸡平均半净膛屠宰率82.93%，平均全净膛屠宰率74.15%。

母鸡平均开产日龄223天，平均年产蛋153枚，平均蛋重45克。蛋壳绿色。公鸡性成熟期85～110天。公母鸡配种比例1：10～11。散养条件下种蛋平均受精率88%，受精蛋孵化率87%。公母鸡利用年限1～2年。

图3-41　黑羽麻城绿壳蛋鸡　　　　图3-42　黄羽麻城绿壳蛋鸡

（三）国内培育鸡品种（品系）

近年来，通过我国家禽育种工作者不断努力，与企业牵手，利用国内丰富的地方家禽品种资源，导入引进品种的优良特性，培育出许多符合市场需求的新品种（品系），其中有相当一部分已通过国家级或省、部级鉴定。

1. 农大3号节粮小型蛋鸡

农大3号节粮小型蛋鸡是由中国农业大学培育的优良蛋鸡配套系，分农大褐和农大粉两个品系（图3-43）。该鸡获1998年农业部科技进步二等奖，获1999年国家科技进步二等奖。据中国农业科学院农业经济研究所测算，饲养农大3号蛋鸡在正常情况下比普通蛋鸡每只多获利9元。该品种具有以下优势：（1）体积小占地面积小，农大3号节粮小型蛋鸡比普通蛋鸡小25%左右；体高相差10厘米左右，在同等条件下可以增加饲养密度33%。（2）耗料少饲料转化率高，产蛋期平均日采食量90克左右，比普通蛋鸡少30%；料蛋比2.0∶1，高峰期可达1.7∶1，比普通蛋鸡可提高饲料转化率15%左右。（3）性情温顺，抗病力强，产蛋期成活率高。（4）因体重小，蛋重小，蛋白浓度比普通鸡蛋高，口感自然清香，可做"土鸡蛋"销售。

农大褐商品蛋鸡120日龄平均体重1250克，1~120日龄耗料5.7千克/只，成活率97%；开产日龄150~156天，高峰产蛋率93%；72周龄入舍母鸡平均产蛋275枚，总蛋重15.7~16.4千克，蛋重55~58克；产蛋期平均日耗料88克/只，料蛋比2.0~2.1∶1，产蛋期成活率96%。

农大粉商品蛋鸡120日龄平均体重1200克，1~120日龄耗料5.5千克/只，成活率96%；开产日龄148~153天，高峰产蛋率94%；72周龄入舍母鸡平均产蛋278枚，总蛋重15.6~16.7千克，蛋重55~58克；产蛋期平均日耗料87克/只，料蛋比2.0~2.1∶1，产蛋期成活率96%。

图3-43　农大3号

2. 京白蛋鸡

这里介绍五个京白鸡配套系，由北京市华都种禽公司培育（图3-44至图3-48）。其中京白938蛋鸡、精选京白904蛋鸡、京白939蛋鸡，于2001年分别获国家科技进步二等奖。

京白938商品蛋鸡20周龄体重1320～1360克，1～20周龄成活率94%～98%；72周龄入舍母鸡产蛋290～303枚，总蛋重18千克，平均蛋重59.4克；21～72周龄料蛋比2.23～2.31：1，成活率90%～93%。

图3-44　京白938蛋鸡

京白988商品蛋鸡18周龄体重1190～1240克，1～18周龄耗料5.7～6.2千克/只，成活率96%～98%；开产日龄140～144天，高峰期产蛋率94%～95%；76周龄入舍母鸡产蛋308～311枚，总蛋重18.4～18.7千克，平均蛋重60克；19～72周龄日耗料104～107克/只，料蛋比2.10～2.15：1，成活率94%～95%。

图3-45　京白988蛋鸡

精选京白904商品蛋鸡20周龄体重1350～1400克，1～20周龄成活率95%～98%；72周龄入舍母鸡产蛋295～316枚，总蛋重18.5千克；平均蛋重59.5克；21～72周龄料蛋比2.23～2.31：1，成活率90%～93%。

京白939商品蛋鸡18周龄体重1400～1455克，1～20周龄耗料7.40～7.60千克/只，成活率

图3-46　精选京白904蛋鸡

95%～97%；开产日龄155～160天，24～25周龄达产蛋高峰期，高峰期产蛋率96.5%；72周龄入舍母鸡产蛋290～303枚，总蛋重16.7～17.4千克，平均蛋重62克；21～72周龄日耗料100～110克/只，料蛋比2.30～2.35：1。

京白989商品蛋鸡18周龄平均体重1340克，1～18周龄耗料7.2千克/只，成活率96%～98%；开产日龄140～145天，高峰期产蛋率94%～96%；76周龄入舍母鸡产蛋308～310枚，总蛋重18.8～19.2千克，平均蛋重61～62克；21～76周龄，料蛋比2.14：1，成活率94%～95%。

图3-47　京白939蛋鸡

图3-48　京白989蛋鸡

3. 新杨蛋鸡

以下系列蛋鸡配套系是由上海市新杨家禽育种中心培育（图3-49至图3-52）。其中新杨褐蛋鸡2002年获上海市科技进步二等奖。

新杨白商品蛋鸡，白壳蛋，20周龄体重1300～1400克，1～18周龄耗料5.0～5.5千克/只，成活率95%～98%；开产日龄142～147天，高峰期产蛋率92%～95%；72周龄入舍母鸡产蛋295～305枚，平均蛋重

图3-49　新杨白蛋鸡

62克；19～72周龄日耗料105～108克/只，料蛋比2.0～2.1∶1。

新杨粉商品蛋鸡，粉壳蛋，20周龄平均体重1450克，1～20周龄成活率95%～97%；开产日龄147～154天，高峰期产蛋率95%；72周龄入舍母鸡产蛋298枚，总蛋重18.7～19.5千克，平均蛋重63克，平均体重1850克；21～72周龄日耗料110～115克/只，料蛋比2.1～2.2∶1。

图3-50　新杨粉蛋鸡

新杨褐商品蛋鸡，褐壳蛋，20周龄体重1580～1700克，1～20周龄耗料7.8～8.0千克/只，成活率96%～98%；开产日龄145～155天，高峰期产蛋率92%～94%；72周龄入舍母鸡产蛋287～296枚，总蛋重18.0～19.0千克，平均蛋重62.5克；21～72周龄日耗料115～120克/只，料蛋比2.10～2.25∶1，成活率91%～95%。

新杨红商品蛋鸡，褐壳蛋，20周龄体重1600～1700克，1～20周龄成活率96%～98%；开产日龄147～154天，高峰期产蛋率94%～95%；72周龄入舍母鸡产蛋294～304枚，总蛋重18.8～20.2千克，平均蛋重66克，体重2000～2200克；21～72周龄日耗料115克/只，料蛋比2.15～2.25∶1。

图3-51　新杨褐蛋鸡　　　　　　　图3-52　新杨红蛋鸡

4. 三凰青壳蛋鸡

是中国农业科学院家禽研究所培育的青壳蛋鸡配套系（图3-53）。

商品蛋鸡22周龄体重1200～1250克，1～18周龄耗料6.5～7.0千克/只，成活率98%以上；平均开产日龄161天，27～28周龄达产蛋高峰期，高峰期产蛋率85%；72周龄入舍母鸡产蛋220～230枚，平均蛋重50克；19～72周龄日耗料95～100克/只，成活率95%以上。

图3-53　三凰青壳蛋鸡

三、如何选购蛋雏鸡

（一）品种选择

优良的品种是提高养鸡生产水平的根本，所以选择好品种至关重要。选择优良品种要根据实际条件和市场需求进行选择。

1. 优良蛋鸡品种应具备的特征

（1）具有很高的产蛋性能，年平均产蛋率达75%～80%，平均每只入舍母鸡年产蛋16～18千克。如果是特色品种，应有突出的独特优势，其产品应具有较高的市场价位。

（2）有很强的适应性、抗应激能力和抗病力，育雏成活率、育成率和产蛋期存活率都能达到较高水平。

（3）鸡群整齐度好，体质强健，体力充沛，反应灵敏、性情活泼，能维持持久的产蛋高峰时间。

（4）蛋壳质量好，即使在产蛋后期和夏季仍然保持较低的破损率，便于保存、运输和销售。

2. 优良蛋鸡品种选择的依据

（1）根据市场需求确定饲养的蛋鸡品种，我国由于南北方的消费心理不同，南方比北方更偏爱褐壳鸡蛋，北方则偏重于白壳蛋。现在绿壳蛋、粉壳蛋价格较高。

（2）自然条件比较恶劣，饲养经验不足的，应该首选抗病力和抗应激能力比较强的鸡种。

（3）鸡舍设计合理，鸡舍控制环境能力较强，有一定饲养经验的农户，可以首选产蛋性状突出的鸡种。

（4）鸡蛋以个计价销售和欢迎小鸡蛋的地区，可以养体型小、蛋重小的鸡种。鸡蛋以重量计价销售的地区与喜欢大鸡蛋的地区，应选蛋重大的鸡种。

（5）天气炎热的地方应饲养体型较小、抗热能力强的鸡种，寒冷地带应饲养体重稍大、抗寒能力强的鸡种。

（二）选择种鸡场

无论是购买父母代还是商品代雏鸡，无论选购哪个品种的鸡，必须选择有《种畜禽生产经营许可证》、规模较大、经验丰富、技术力量强、没发生严重疫情、信誉度高的种鸡场购买雏鸡。这些种鸡场种鸡来源清楚，饲养管理严格，雏鸡质量一般都有一定的保证，而且抵御市场风险的能力强，能按合同规定的时间、数量供雏，且售后服务也比较完善。管理混乱、生产水平不高的种鸡场，很难提供具有高产能力的雏鸡。选择种鸡场很重要，切不可随便引种。

（三）健康雏鸡的选择

对雏鸡个体质量的选择，主要通过观察外表形态来选择健康雏鸡。可采用"一看、二听、三摸"的方法进行。一看雏鸡的精神状态，羽毛整洁有光泽，喙、腿、趾端正，眼睛明亮有神，肛门周围干净、绒毛整洁、无白粪，脐孔愈合良好、不红肿。二听雏鸡的叫声，健康的雏鸡叫声响亮而清脆；弱雏叫声嘶哑微弱或鸣叫不止。三摸是将雏鸡抓握在手中，触摸骨架发育状态，腹部大小及松软程度。健康雏鸡较重，手感饱满、有弹性、挣扎有力。

第四章 蛋鸡饲料生产与加工

一、蛋鸡常用饲料原料

依据饲料原料营养成分含量不同，可将蛋鸡常用饲料原料分为能量饲料、蛋白质饲料、粗饲料、矿物质饲料、维生素饲料和添加剂等。

（一）能量饲料

能量是鸡体最主要的养分，鸡的一切生命活动都与能量有关，鸡在对营养物质需要方面，能量占首位。凡是干物质中粗蛋白含量低于20%、粗纤维含量低于18%的饲料都属于能量饲料。蛋鸡常用的能量饲料主要有以下几种。

1.谷物类

主要包括玉米、碎大米、小麦等。在我国北方地区以使用玉米居多，玉米是蛋鸡饲料中使用量最大的饲料原料，在蛋鸡日粮配合中一般占65%左右。玉米含淀粉多且容易消化吸收，脂肪中亚油酸的含量高。玉米在保管中要注意防止发霉，霉变的玉米其胚芽处颜色呈蓝绿色（图4-1）。在南

图4-1　正常玉米与劣质玉米

方水稻主产区常用大米加工过程中产生的碎大米做蛋鸡饲料原料，虽然碎大米消化率很高，但它的脂肪含量比较低、能量低。小麦一般不做蛋鸡饲料原料，只有当玉米价格高出小麦时才使用，或是用陈化的小麦代替玉米，可降低饲料成本。

生产实践中少量使用的谷物类饲料原料还有：大麦、燕麦、高粱、小米、次粉等。

2. 糠麸类

主要包括小麦麸和米糠。米糠指谷子和稻谷加工成小米、大米过程中脱出的外壳，因其粗纤维含量高，蛋鸡饲料中一般不使用。小麦麸含纤维较多（8.5%～12%），能值较低，代谢能仅为7.1兆焦/千克，粗蛋白质含量较多，可达12%～17%，其质量高于麦粒，富含赖氨酸0.5%～0.6%，蛋氨酸仅0.1%左右。小麦麸中含磷量达1.13%，为植物性饲料之冠，但多以植酸盐形式存在，难以消化利用。小麦麸中含有维生素B_1、维生素E，缺乏维生素B_{12}、维生素A和维生素D。小麦麸的质地疏松，适口性好，具有轻泻作用。在蛋鸡日粮中加入小麦麸可加速鸡的生长发育，并能促进羽毛的生长，在蛋鸡日粮配合中可占5%～10%。

3. 油脂类

包括动物性油脂和植物性油脂。动物性油脂常用的有鱼油、牛油、羊油、猪油、骨油等，其代谢能水平比较高（为玉米的2.5倍多）。使用中主要是避免使用变质的油脂。植物性油脂包括玉米油、菜籽油、豆油、混合油脂等。蛋鸡饲料中一般不需要添加油脂，只有在酷暑季节或鸡体重不达标时添加1%～2%的熟豆油。

（二）蛋白质饲料

蛋白质是鸡体细胞和鸡蛋的主要构成成分，是鸡体内除水分外含量最高的物质，它不仅是鸡体内各个器官的主要组成成分，还参与各器官不同生理功能的活动。鸡采食的蛋白质和氨基酸不能满足生长、生产需要时，鸡会生长迟缓、羽毛蓬乱无光泽、性成熟推迟、产蛋量下降，饲料中蛋白质严重缺乏时，鸡的采食量会减少或停止，从而引起体重下降、抗病力减弱。蛋白质在鸡体内利用率的高低，主要取决于饲料原料中氨基酸含量及氨基酸是否平衡。凡是干物质中粗蛋白含量在20%以上、粗纤维含量在18%以下的饲料都属于蛋白质饲料。蛋鸡常用的蛋白质饲料原料有植物性蛋白质饲料和动物性蛋白质饲料。

1. 植物性蛋白质饲料

主要包括豆饼（粕）膨化大豆、菜籽饼（粕）棉仁粕及花生饼、芝麻饼、胡麻饼、玉米蛋白粉等。豆饼（粕）所含的多种氨基酸，基本适合于家禽对营养的需求（图4-2）。豆饼（粕）的能量水平也比较高，富含核黄素和烟酸，但硒含量较少。豆饼（粕）具有香味，适口性好，它是理想的蛋白质饲料。豆饼（粕）在蛋鸡配合日粮中一般占20%左右。为了提高蛋白质的利用率、降低饲料成本，使用豆饼（粕）时可以同时使用3种以内的杂饼（粕），单种杂饼（粕）

图4-2　豆粕

的使用量一般在3%～5%，多种杂饼（粕）的使用量一般不要超过6%，且要确保日粮中的总蛋白质含量不低于饲养标准。

2. 动物性蛋白质饲料

主要包括鱼粉、肉粉和肉骨粉、血粉、羽毛粉等（图4-3至图4-5）。我国使用的鱼粉（包括进口鱼粉和国产鱼粉）是以全鱼为原料制成的不掺异物的纯鱼粉。各类鱼粉因原料及加工条件不同，其蛋白质的含量差异很大。优质鱼粉的蛋白质含量很高，一般为64%左右，氨基酸平衡也很好，赖氨酸和蛋氨酸含量都很高。钙、磷的含量较高，而且所有的磷都是可利用磷。还含有维生素A、维生素E和维生素B_{12}，这是所有植物性饲料中都没有的，并且其他B族维生素含量也较高。还值得一提的是，鱼粉中含有促生长未知因子。由于优质鱼粉的

图4-3　鱼粉

图4-4　肉骨粉

价格高，一般只在雏鸡料、蛋种鸡料中使用3%左右，育成鸡和商品蛋鸡一般使用无鱼粉日粮。

肉粉与肉骨粉的粗蛋白质含量在40%～50%，赖氨酸含量较高，但蛋氨酸和色氨酸含量低（比血粉还低），B族维生素含量较高，而维生素A、维生素D和维生素B_{12}的含量都低于鱼粉。

图4-5　血粉

血粉粗蛋白质含量高达80%，赖氨酸含量也高达7%～8%（比常用鱼粉含量还高），组氨酸含量同样也较高，但精氨酸含量却很低，血粉与花生饼（粕）或棉籽饼（粕）搭配可得到较好的饲养效果。血粉的消化率很低，适口性也较差，在饲粮中的比例一般不超过3%。

羽毛粉由禽类的羽毛经高压蒸煮、干燥粉碎而成，蛋白质含量可达80.3%以上。与其他动物性蛋白质饲料共用时，可补充蛋鸡日粮中的蛋白质。由于其消化率较低，最好不使用。

（三）矿物质饲料

钙源饲料、磷源饲料及食盐统称矿物质饲料。主要包括骨粉、石粉、贝壳粉、磷酸氢钙和盐。

1. 石粉

石粉是最经济常用的钙补充剂，含钙一般在35%以上，好石粉的钙含量可达38%。石粉在生长阶段蛋鸡和成年产蛋鸡饲料中的用量分别为1%～2%和6%～8%。

2. 贝壳粉

贝壳粉以碎片状为好，现实销售的贝壳粉中都含有沙子，沙子虽然对鸡的消化有帮助，但没有任何养分可以利用，在往饲料中添加贝壳粉时一定要减去沙子的重量。通常贝壳粉的含钙量在35%以上。贝壳粉的用量一般雏鸡为1%～2%，产蛋鸡为5%～7%。

3. 磷酸氢钙

是蛋鸡饲料中最重要的磷源饲料原料。磷酸氢钙为白色粉末，使用时要检测其钙、磷含量，同时也要检测其氟含量。一般要求钙、磷含量分别为20%和17%以上。

4. 骨粉

骨粉是动物骨骼经过高温、高压、脱脂、脱胶后粉碎而成。因骨粉富含磷、钙并且比例适宜，是比较好的磷源、钙源饲料原料。优质骨粉的磷、钙含量可达16%、36%以上。但近年来因骨粉价格偏低，加工工艺不合理，使骨粉脱脂脱胶不完全，骨粉中常寄生有大量病原菌，使用后常引起产蛋量下降，甚至死亡，因此作者建议在不能确保骨粉质量的前提下，尽量不使用骨粉做饲料原料。

5. 食盐

用量一般为0.25%～0.3%。鸡群发生啄癖后（啄肛、啄羽），可在短期内（1～3天）将食盐用量增加到0.5%～1.0%。饲料中添加国产鱼粉时，一定要对鱼粉中的含盐量进行测定，以避免饲料中的总食盐量超标，引起食盐中毒。蛋鸡饲料中的食盐含量一定要相对稳定，避免引起产蛋量下降。

几种主要矿物质的功能及缺乏症状见表4-1。

表4-1　矿物质的功能及缺乏症状

名称	功能	缺乏
钠和氯	参与消化液的形成；调节体液浓度；调节体液 pH 值；参与神经和肌肉活动	体内缺钠的不良后果：生长缓慢，食欲减退，体重减轻，饲料报酬降低；细胞功能发生变化；血浆体积减小，心输出量下降，主动脉压降低，红细胞沉积增加；皮下组织弹性降低；肾上腺功能受损，导致血中尿素或尿酸升高，休克以致死亡；缺钠显著影响蛋白质和能量利用；鸡缺钠还会导致啄癖 雏鸡缺氯，生长速度差，死亡率高，血浓缩，脱水，血液中氯化物水平降低，此外，缺氯的雏鸡受到突然的噪声或惊吓的刺激表现类似痉挛的典型神经反应
钙	参与骨的形成，动物体内有99%钙存在于骨中；调节神经和肌肉功能；维持酸碱平衡	鸡缺钙的症状可概括为：骨质疏松症或低钙佝偻病，异常姿态和步法；生长发育受阻，采食量降低；易发生内出血
磷	参与骨的形成；是细胞核和膜的主成分；参与各种代谢过程	缺磷与缺钙相同，产生软骨症；早期缺乏，可通过喂磷纠正；缺磷通常表现为食欲差，增重少，血中含磷量低及外表欠健康

鸡常用饲料原料参考营养成分见表4-2。

表4-2　鸡常用饲料原料营养成分参考表

原料名称	代谢能(ME)(兆焦/千克)	粗蛋白(CP)(%)	总磷(%)	有效磷(%)	钙(%)	赖氨酸(%)	蛋氨酸(%)
玉米	14.06	8.6	0.21	0.06	0.04	0.27	0.13
大麦	11.13	10.8	0.29	0.09	0.12	0.37	0.13
小麦	12.89	12.1	0.36	0.12	0.07	0.33	0.14
豆饼	11.05	43.0	0.50	0.15	0.32	2.45	0.48
豆粕	10.29	47.2	0.62	0.19	0.32	2.54	0.51
菜籽饼	8.45	36.4	0.95	0.29	0.73	1.23	0.61
棉仁饼	8.16	33.8	0.64	0.19	0.31	1.29	0.36
花生饼	12.26	43.9	0.52	0.16	0.25	1.35	0.39
胡麻饼(浸)	7.11	36.2	0.77	0.23	0.58	1.20	0.50
胡麻饼(机)	7.78	33.1	0.77	0.23	0.58	1.18	0.44
芝麻饼	8.95	39.2	1.19	0.36	2.24	0.39	0.81
向日葵仁饼	6.94	28.7	0.81	0.21	0.41	1.13	0.46
小麦麸	6.57	14.4	0.78	0.23	0.18	0.47	0.45
鱼粉(国产)	10.25	55.1	2.15	2.15	4.59	3.64	1.44
鱼粉(进口)	12.13	62.0	2.90	2.90	3.91	4.35	1.65
肉骨粉	11.38	53.4	4.70	4.70	9.20	2.60	0.67
蚕蛹(全脂)	14.27	53.9	0.58	0.58	0.25	3.66	2.21
血粉(干猪血)	10.29	84.7	0.22	0.22	0.20	7.07	0.68
苜蓿草粉	3.39	20.4	0.22	—	1.46	0.83	0.14
骨粉	—	—	16.4	16.4	36.4	—	—
贝壳粉	—	—	0.14	0.14	33.4	—	—
石粉	—	—	—	—	35.0	—	—
植物油(豆油)	36.82	—	—	—	—	—	—
动物油	32.22	—	—	—	—	—	—

（四）饲料添加剂

饲料添加剂按功能大体分为两大类。第一类为营养性添加剂，包括维生素、微量元素、氨基酸等；第二类为非营养性添加剂，包括生长促进剂、驱虫

第 四 章 蛋 鸡 饲 料 生 产 与 加 工

保健剂、抗氧化剂、增色剂、调味剂等。以下仅对营养性添加剂作介绍。

1. 维生素添加剂

现在一般根据生长阶段不同，使用相适应的复合维生素添加剂。在鸡群免疫、转群、运输前后几天，及鸡群遇到惊吓、冷热应激时，需要在饲料中另外添加维生素C和维生素E，每50千克饲料各加5克。

几种主要维生素的功能及缺乏症状见表4-3。

表4-3　维生素的功能及缺乏症状

名称	功能	缺乏症状
维生素 A	维持上皮组织的完整及正常视力，参与骨骼的形成等	生长迟缓，夜盲，关节僵直或肿大
维生素 D	促进钙的吸收和钙、磷的代谢	生长受阻，发生佝偻病
维生素 E	生物抗氧化剂，保护细胞膜的完整	生长差，肌肉萎缩（白肌症），肝坏死
维生素 K	为形成4种凝血蛋白所需，参与血液的凝固	凝血时间延长或流血不止和内出血；一般在给鸡断喙时要添加
B 族维生素	参与鸡体的多种代谢	消化不良、厌食、皮炎、脚腿骨畸形、生长发育受阻
维生素 C	参与细胞间质的组成；解毒、抗氧化	坏血病，骨易折，创口溃疡不易愈合

2. 微量元素添加剂

包括硫酸亚铁、硫酸铜、硫酸锌、硫酸锰、碘化钾、亚硒酸钠等，这些化学物质按一定比例与载体混合形成微量元素添加剂。由于在加工过程中使用的载体不同，其在饲料中添加的量也有较大差异，生产中按照产品说明添加即可。

3. 氨基酸添加剂

包括蛋氨酸、赖氨酸。DL-蛋氨酸，又名甲硫氨酸。外观呈白色、淡黄色结晶或结晶性粉末，纯度在98.5%以上。目前国内生产较少，主要靠进口。L-赖氨酸，为白色或淡褐色粉末，无味或稍有特殊气味，易溶于水，纯度在98.5%以上。两种氨基酸均按饲养标准添加即可。

（五）水

水是组成体液的主要成分，雏鸡体内含水85%，成年鸡体内含水55%，鸡蛋中含水65%。水对鸡体正常的物质代谢具有特殊重要的作用。尽管鸡对水的需要量是不确定的，但仍是一种必需营养素。供给的饮水必须干净、无污染。鸡对水的需要量受下列因素影响：环境温度、相对湿度、日粮成分和生长等。一般假定鸡饮水量是采食量的2倍，实际上饮水量的变化很大。

二、蛋鸡的饲养标准

不同国家和育种公司制定有各自的蛋鸡的饲养标准，这些标准大同小异。1988年我国首次颁布了中国家禽饲养标准（试用），此后经过大量的实验研究和应用探索，不断完善，于2004年再次颁布了中国家禽饲养标准。这里介绍的是2004版中国家禽饲养标准中有关蛋鸡的饲养标准，《中华人民共和国农业行业标准——蛋鸡饲养标准（NY/T22—2004）》。

（一）生长蛋鸡的营养需要

生长蛋鸡的营养需要见表4-4。

表4-4 生长蛋鸡营养需要

营养指标	单位	0~8周龄	9~18周龄	19周龄~开产
代谢能	兆焦/克	11.91	11.7	11.50
粗蛋白质	%	19.0	15.5	17.0
蛋白能量比	克/兆焦	15.95	13.25	14.78
赖氨酸能量比	克/兆焦	0.84	0.58	0.61
赖氨酸	%	1.0	0.68	0.70
蛋氨酸	%	0.37	0.27	0.34
蛋氨酸+胱氨酸	%	0.74	0.55	0.64
苏氨酸	%	0.66	0.55	0.62
色氨酸	%	0.20	0.18	0.19
精氨酸	%	1.18	0.98	1.02
亮氨酸	%	1.27	1.01	1.07
异亮氨酸	%	0.71	0.59	0.60
苯丙氨酸	%	0.64	0.53	0.54
苯丙氨酸+酪氨酸	%	1.18	0.98	1.00
组氨酸	%	0.31	0.26	0.27
脯氨酸	%	0.50	0.34	0.44
缬氨酸	%	0.73	0.60	0.62
甘氨酸+丝氨酸	%	0.82	0.68	0.71

（续表）

营养指标	单位	0~8 周龄	9~18 周龄	19 周龄~开产
钙	%	0.9	0.8	2.0
总磷	%	0.73	0.60	0.55
非植酸磷	%	0.4	0.35	0.32
钠	%	0.15	0.15	0.15
氯	%	0.15	0.15	0.15
铁	毫克/千克	80	60	60
铜	毫克/千克	8	6	8
锌	毫克/千克	60	40	80
锰	毫克/千克	60	40	60
碘	毫克/千克	0.35	0.35	0.35
硒	毫克/千克	0.3	0.3	0.3
亚油酸	%	1	1	1
维生素 A	IU/千克	4000	4000	4000
维生素 D	IU/千克	800	800	800
维生素 E	IU/千克	10	8	8
维生素 K	毫克/千克	0.5	0.5	0.5
硫胺素	毫克/千克	1.8	1.3	1.3
核黄素	毫克/千克	3.6	1.8	2.2
泛酸	毫克/千克	10	10	10
烟酸	毫克/千克	30	11	11
吡哆醇	毫克/千克	3	3	3
生物素	毫克/千克	0.15	0.10	0.10
叶酸	毫克/千克	0.55	0.25	0.25
维生素 B_{12}	毫克/千克	0.01	0.003	0.004
胆碱	毫克/千克	1300	900	500

注：本标准以中型蛋鸡计算，轻型鸡可酌减 10%；开产指产蛋率到 5% 的日龄（下同）。

（二）产蛋鸡的营养需要量

产蛋鸡的营养需要见表4-5。

表4-5　产蛋鸡营养需要

营养指标	单位	开产～产蛋高峰（产蛋率＞85%）	产蛋高峰后（产蛋率85%）	种鸡
代谢能	兆焦 / 千克	11.29	10.87	11.29
粗蛋白质	%	16.5	15.5	18.0
蛋白能量比	克 / 兆焦	14.61	14.26	15.94
赖氨酸能量比	克 / 兆焦	0.44	0.61	0.63
赖氨酸	%	0.75	0.70	0.75
蛋氨酸	%	0.34	0.32	0.34
蛋氨酸 + 胱氨酸	%	0.65	0.56	0.65
苏氨酸	%	0.55	0.50	0.55
色氨酸	%	0.16	0.15	0.16
精氨酸	%	0.76	0.69	0.76
亮氨酸	%	1.02	0.98	1.02
异亮氨酸	%	0.72	0.66	0.72
苯丙氨酸	%	0.58	0.52	0.58
苯丙氨酸 + 酪氨酸	%	1.08	1.06	1.08
组氨酸	%	0.25	0.23	0.25
缬氨酸	%	0.59	0.54	0.59
甘氨酸 + 丝氨酸	%	0.57	0.48	0.57
可利用赖氨酸	%	0.66	0.60	—
可利用蛋氨酸	%	0.32	0.30	—
钙	%	3.5	3.5	3.5
总磷	%	0.60	0.60	0.60
非植酸磷	%	0.32	0.32	0.32
钠	%	0.15	0.15	0.15
氯	%	0.15	0.15	0.15
铁	毫克 / 千克	60	60	60
铜	毫克 / 千克	8	8	6
锌	毫克 / 千克	80	80	60
锰	毫克 / 千克	60	60	60
碘	毫克 / 千克	0.35	0.35	0.35

（续表）

营养指标	单位	开产~产蛋高峰（产蛋率＞85%）	产蛋高峰后（产蛋率85%）	种鸡
硒	毫克/千克	0.3	0.3	0.30
亚油酸	%	1	1	1
维生素A	IU/千克	8000	8000	10 000
维生素D	IU/千克	1600	1600	2 000
维生素E	IU/千克	5	5	10
维生素K	毫克/千克	0.5	0.5	1.0
硫胺素	毫克/千克	0.8	0.8	0.8
核黄素	毫克/千克	2.5	2.5	3.8
泛酸	毫克/千克	2.2	2.2	10
烟酸	毫克/千克	20	20	30
吡哆醇	毫克/千克	3.0	3.0	4.5
生物素	毫克/千克	0.10	0.10	0.15
叶酸	毫克/千克	0.25	0.25	0.35
维生素B$_{12}$	毫克/千克	0.004	0.004	0.004
胆碱	毫克/千克	500	500	500

（三）海兰褐蛋鸡的饲养标准（表4-6、表4-7）

表4-6 海兰褐蛋鸡生长期营养需要建议量

营养指标	单位	0~6周龄	6~8周龄	8~15周龄	开产前~5%产蛋
蛋白质	%	19	16	15	14.5
代谢能	兆焦/千克	11.5~12.4	11.5~12.6	11.5~12.9	11.5~12.4
赖氨酸	%	1.10	0.90	0.70	0.72
蛋氨酸	%	0.45	0.40	0.35	0.35
蛋氨酸+胱氨酸	%	0.80	0.70	0.60	0.60
色氨酸	%	0.20	0.18	0.15	0.15
钙	%	1.00	1.00	1.00	2.25
总磷	%	0.70	0.68	0.60	0.60
有效磷	%	0.45	0.44	0.40	0.40
氯化钠	%	0.34	0.34	0.34	0.34

表4-7　海兰褐蛋鸡产蛋期日最低营养需要量

营养成分	单位	32 周前	32~45 周	45~55 周	55 周以上
蛋白质	克/（日·只）	18	17.5	17	16
蛋氨酸	毫克/（日·只）	480	480	450	430
蛋氨酸＋胱氨酸	毫克/（日·只）	800	790	750	700
赖氨酸	毫克/（日·只）	930	910	880	860
色氨酸	毫克/（日·只）	190	185	180	170
钙	克/（日·只）	3.65	3.75	4.00	4.20
总磷	克/（日·只）	0.64	0.64	0.61	0.58
有效磷	克/（日·只）	0.4	0.38	0.36	0.32
氯化钠	克/（日·只）	0.35	0.35	0.35	0.35

三、蛋鸡饲料配制方法与饲料配方举例

（一）蛋鸡饲料的配制

蛋鸡饲料配方是根据不同生长阶段、不同产蛋期的营养需要、饲料的营养价值、原料的现状及价格等条件合理地确定各种原料的配合比例。设计合理的饲料配方应注意以下几点。

1. 设计饲料配方的原则

首先要适应市场需求，有市场竞争力；其次要有先进科学性，在配方中运用动物营养领域的新知识、新成果；第三要有经济概念，在保证畜禽营养的前提下，饲料配方成本最低；第四要有可操作性，满足市场需求的前提下，根据企业自身条件，充分运用多种原料种类，保证饲料质量稳定；第五要求配方要有合法性，饲料中决不使用国家明令禁用的饲料添加剂。

2. 计算方法

传统的饲料配方计算是采用简单的试差法、十字法、对角线法等方法。现在随着计算机技术的广泛应用，饲料厂均使用计算机设计饲料配方，不仅大大提高了计算效率和计算的准确性，同时考虑到营养与成本的关系，资源利用率得到提高，饲料成本反而下降。

3. 注重环保问题

按照可消化氨基酸含量和理想蛋白质模式，给鸡配制平衡日粮，使其中

各种氨基酸含量与动物的维持和生产需要完全符合，则饲料转化效率最大，营养素排出可减至最少，从而减轻环境污染。实践证明，按可消化氨基酸和理想蛋白质模式计算并配制的产蛋鸡饲料，可降低日粮蛋白质水平2.5%，而生产性能不减，鸡粪中氮含量减少20%。

选用其他促生长类添加剂替代抗菌素。酶制剂能加速营养物质在动物消化道中的降解，并能将不易被动物吸收的大分子物质降解为易被吸收的小分子物质，从而促进营养物质的消化和吸收，提高饲料的利用率。植酸酶可以利用饲料原料中的植酸磷，从而减少动物粪便对环境的磷污染。

益生素是一种有益活菌制剂，它通过改善动物消化道菌群平衡而对动物产生有益作用，它能抑制和排斥大肠杆菌、沙门氏菌等病原微生物的生长和繁殖，促进乳酸菌等有益微生物的生长和繁殖。从而在动物的消化道确立以有益微生物为主的微生物菌群，降低动物患病的机会，促进动物生长。

中草药添加剂是我国特有的中医中药理论长期实践的产物，具有顺气消食、镇静定神、驱虫除积、消热解毒、杀菌消炎等功能，从而可以促进动物新陈代谢、增强动物的抗病能力，提高饲料转化率。

4. 按季节进行饲料配方的调整

夏季气温高，致使产蛋鸡采食量下降，为确保产蛋率，则应适当提高饲料营养成分浓度，增加幅度要依采食量减少而定，一般增加5%～10%。如产蛋高峰期蛋白质和代谢能水平，应分别从16.5%及11.5兆焦/千克，调整为17.6%及12.3兆焦/千克，其他营养成分浓度调整比例大致同此。

炎热的夏天在蛋鸡饲料中最好加入少量熟豆油，不仅可提高代谢能值，还可促进采食，减少体增热，促进营养物质的吸收。也可用质量可靠的贝粉替代石粉，还可石粉、贝粉混合使用，使用贝粉与石粉的比例为1∶3～1∶4左右，对不含蛋白质和能量的原料，如沸石粉、麦饭石粉要少用，添加量不宜超过3%。

产蛋鸡的暑热或热应激除杆菌肽锌允许在常规饲料使用外，其他抗生素药物应限制使用。研究表明，大蒜素(精油)对多种葡萄球菌、痢疾杆菌、大肠杆菌、伤寒杆菌、真菌、病毒、阿米巴原虫、球虫和蛲虫均有抑制或杀灭作用，特别对于菌痢和肠炎有较好疗效，并有促进采食，助消化，促进产蛋，另外大蒜素与维生素B_1结合，可防止后者遭破坏，增加有效维生素B_1的吸收。天然大蒜可直接(连皮)在产蛋鸡饲料中按1%～2%比例添加。生石膏研成细末，按饲料0.3%～1.0%比例混饲，有解热清胃火之效。

5. 按体重进行饲料配方的调整

对于生长鸡而言，如果发觉多数鸡只因气温、密度等原因，造成体重未到达相应阶段的标准体重，同样要适当提高饲料营养成分浓度，尤其是能量水平，增加幅度要依体重偏差程度而定，一般在饲料中添加1%～2%的熟豆油，用一周左右的时间将体重调整到正常值。

6. 使用浓缩饲料的注意事项

鸡场一般使用20%～40%的浓缩料。比例太低，需要配合的饲料种类增加，饲料质量不容易控制；比例太高，就会失去使用浓缩饲料的意义。通常情况雏鸡设计30%～50%的浓缩料，育成鸡30%～40%，产蛋鸡35%～40%。使用浓缩饲料时，应按照饲料厂推荐配方使用，这样容易进行质量控制。

（二）饲料配方举例

以下配方仅供自配料者参考（表4-8至表4-11）：

表4-8　生长蛋鸡饲料参考配方

配方编号	1	2	3	配方编号	1	2	3
适应阶段	0～6	7～14	15～20	适应阶段	0～6	7～14	15～20
配方组成（%）玉米	58.00	59.00	56.90	配方组成（%）玉米	58.33	59.45	61.64
高粱	3.00	4.00	4.00	麸皮	25.70	18.80	5.70
麸皮	9.00	13.00	10.00	豆饼	12.70	18.70	29.90
豆饼	18.00	13.00	18.00	骨粉	1.80	1.50	1.10
花生饼	3.00	3.00	3.00	石粉	0.04	0.13	0.26
芝麻饼	3.00	3.00	3.00	食盐	0.35	0.35	0.35
鱼粉	3.00	2.00	2.00	DL-蛋氨酸	0.08	0.07	0.05
骨粉	1.10	1.20	1.30	复合添加剂	1.00	1.00	1.00
贝壳粉	0.40	0.40	0.40	营养水平 代谢能（兆焦/千克）	11.92	11.72	11.30
石粉	0.10	0.10	0.10	粗蛋白（%）	18.00	16.00	12.00
食盐	0.25	0.25	0.30	赖氨酸（%）	0.85	0.71	0.45
DL-蛋氨酸	0.05	0.05	—	蛋氨酸（%）	0.30	0.27	0.20
L-赖氨酸	0.10	—	—	钙（%）	0.80	0.70	0.60
复合添加剂	1.00	1.00	1.00	有效磷（%）	0.40	0.35	0.30

表4-9　产蛋鸡饲料参考配方

配方编号	1	2
适应阶段	>80%产蛋率	<80%产蛋率
玉米	60.09	61.66
麸皮	1.80	2.40
豆饼	22.32	20.82
鱼粉	3.00	2.00
骨粉	3.40	3.80
石粉	7.90	7.90
食盐	0.30	0.30
DL-蛋氨酸	0.19	0.12
复合添加剂	1.00	1.00

配方组成（%）

配方编号	1	2	3
适应阶段	21～24	25～42	43～72
玉米	69.96	66.02	74.00
苜蓿粉	2.00	1.00	2.00
豆饼	7.86	12.67	6.00
棉仁饼	3.00	3.00	3.00
菜籽饼	3.00	3.00	3.00
鱼粉	5.87	5.00	2.00
磷酸氢钙	0.81	0.96	1.91
石粉	6.14	6.95	6.75
食盐	0.30	0.30	0.25
DL-蛋氨酸	0.06	0.10	0.09
复合添加剂	1.00	1.00	1.00

配方组成（%）

表4-10　蛋鸡无鱼粉饲料参考配方

配方组成	雏鸡 配方1	配方2	育成前期 配方3	配方4	育成后期 配方5	配方6	产蛋前中期 配方7	配方8	产蛋后期 配方9	配方10
玉米	65	68	66	67	65.94	70	63	64	66	67
麸皮	2.7	—	5.54	3	8.5	5.44	1	—	2	—
豆饼	21	20	18.6	20.14	16	15	18	17.1	15	15
菜籽饼	3	3	2	3	3	3	2	3	3	2
棉仁饼	3	3	2	3	3	3	2	3	3	2
花生饼	—	—	2	—	—	—	2	—	—	2
熟豆油	1	1.5	—	—	—	—	1.8	2.0	—	1
石粉	1.54	1.8	1.5	1.5	1.2	1.2	7.6	8	8.4	8.4
磷酸氢钙	1	1	1	1	1	1	1	1	1	1
蛋氨酸	0.06	0.06	0.06	0.06	0.06	0.06	0.3	0.26	0.3	0.3
赖氨酸	0.4	0.34	—	—	—	—	—	0.34	—	—
食盐	0.3	0.3	0.3	0.3	0.3	0.3	0.3	0.3	0.3	0.3
复合添加剂	1	1	1	1	1	1	1	1	1	1
合计	100	100	100	100	100	100	100	100	100	100

注：所有参考配方中的复合添加剂的添加量要根据说明使用。

表4-11 蛋种鸡（父母代）饲料参考配方

配方组成	0～6周龄	6～14周龄	14～16周龄	16～18周龄	种公鸡	伊沙褐种母鸡	海兰 W-36种母鸡
玉米（%）	63.0	70.5	69.5	67.9	64.0	61.0	610
豆饼（%）	25.7	19.1	13.0	21.0	15.5	22.0	22.0
鱼粉（%）	2.0	1.0	1.0	2.0	1.0	2.0	3.0
菜籽饼（%）	3.4	2.0	3.4	1.0	3.0	2.0	1.6
芝麻饼（%）	1.5	2.0	3.2	1.0	3.0	–	1.5
胡麻饼（%）	1.5	2.0	2.0	1.0	3.0	2.0	–
贝壳粉（%）	0.6	0.6	0.8	3.7	4.6	8.9	8.5
骨粉（%）	1.1	2.8	2.6	2.4	2.1	2.1	2.4
磷酸氢钙（%）	1.2	–	–	–	–	–	–
麸皮（%）	–	4.5			3.8		
食盐（克/千克）	1.25	1.50	1.50	1.50	1.50	1.50	1.50
蛋氨酸（克/千克）	–	0.70	0.46	0.70	0.40	0.60	0.60
赖氨酸（克/千克）	–	0.06	–	–	–	–	–
复合添加剂	1	1	1	1	1	1	1

注：1. 以上配方为作者连续多年使用过的配方；2. 配方中复合添加剂的"1"不是重量单位，而是指按复合维生素添加剂、混合微量元素添加剂的说明，添加1份。

四、添加剂和动物源性饲料的使用与监控

随着人民生活水平的提高，人们对食物的卫生安全性越来越关注。环境中的有毒有害成分最终可以通过食物链经植物性食物和动物性食物部分或全部转入人体中，从而对人体产生毒害作用、致病作用，甚至致人死亡。饲料作为动物的日常饲粮，其卫生与安全程度在很大程度上决定着动物性食品的卫生安全性，不仅对养殖业的经济效益有着重要影响，而且与人类健康密切相关。在肉、奶、蛋等动物性食物消费量日益增多的今天，探讨影响饲料卫生安全标准的添加剂和动物源饲料的使用与监控，无疑具有重要意义。

（一）药物饲料添加剂的使用与监控

随着集约化畜牧业的发展，兽药的作用范围也在扩大，有的药物如抗生素、磺胺类药物、激素及其类似物等已广泛用于促进畜禽的生长、减少发病率和提高饲料利用率。在兽药应用品种构成中，治疗药品的比重在逐步下降。

我国兽药业发展也很快，1987～1998年共研制247种新兽药，平均每年有22.5种新兽药上市（含生物制品）。兽药的广泛运用，带来的不仅是畜牧业的增产，同时也带来了兽药的残留。现代畜牧业生产的发展，不可能脱离兽药的使用。要保证动物性食品中药物残留量不超过规定标准，必须要有用药规则，并通过法定的药残检测方法来加以监控。

为了保证畜牧业的正常发展及畜产品质量，发达国家规定了用于饲料添加剂的兽药品种及休药期。我国政府也颁布了类似的法规规定，但由于监控乏力，有的饲料厂和饲养场（户），无视法规规定，超量添加药物，如有的饲料厂在配制蛋鸡饲料时，将数倍甚至几十倍于推荐量的喹乙醇添加入饲料中，有的养鸡场（户）在配合饲料中另外添加喹乙醇，使得日粮中喹乙醇的含量比安全值高出许多，而导致了鸡的喹乙醇中毒。有的饲料厂或饲养场（户）为牟取暴利，非法使用违禁药品。这些现象充分反映了当前兽药使用过程中超标、滥用的状况。如果这一状况得不到有效的控制，兽药在畜禽产品中的残留将对人类健康产生很大危害。

为了扼制这种状况的继续发展，除进一步完善兽药残留监控立法外，还应加大推广合理规范使用兽药配套技术的力度，加强饲料厂及养殖场（户）对药物和其他添加物的使用管理，对不规范用药的单位及个人施以重罚，最大限度地降低药物残留，使兽药残留量控制在不影响人体健康的限量内。

（二）动物源性饲料的使用与监控

蛋鸡常用的动物源性饲料主要有鱼粉和肉骨粉。

1.鱼粉

由于所用鱼类原料、加工过程与干燥方法不同，其质量水平相差较大。劣质鱼粉所引起的毒性问题主要有以下几个方面。

（1）霉变：鱼粉在高温潮湿的状况下容易发霉变质。因此，鱼粉必须充分干燥。同时，应当加强卫生检测，严格限制鱼粉中真菌和细菌含量。

（2）酸败：鱼类特别是海水鱼的脂肪，因含有大量不饱和脂肪酸，很容易氧化发生酸败。这样的鱼粉表面呈现红黄色或红褐色的油污状、恶臭，从而使鱼粉的适口性和品质显著降低。同时，上述产物还可促使饲料中的脂溶性维生素A、维生素D与维生素E等被氧化破坏。因此，鱼粉应妥善保管，并且不可存放过久。

（3）食盐含量过高：我国对鱼粉的标准中规定，鱼粉中食盐的含量，一级与二级品应不超过4%，三级品应不超过5%。使用符合标准的鱼粉，不会出现饲粮中食盐过量的现象。但目前国内有些厂家生产的鱼粉，食盐含量过高，有的达15%以上。此种高食盐含量的鱼粉在饲粮中用量过多时，可引起食盐中毒。

（4）引起鸡肌胃糜烂：红鱼粉及发生自燃和经过高温的鱼粉中含有一种能引起鸡肌胃糜烂的物质——胃溃素。研究认为，其有类似组胺的作用，但活性远比组胺强。它可使胃酸分泌亢进，胃内pH值下降，从而严重地损害胃黏膜，使鸡发生肌胃糜烂，有时发生"黑色呕吐"。为了预防鸡肌胃糜烂的发生，最有效的办法是改进鱼粉干燥时的加热处理工艺，以防止毒物的形成。

（5）细菌污染：如果鱼粉在加工、贮存和运输过程中管理不当，很容易受到大肠杆菌、沙门氏菌等致病菌的污染。使用这样的鱼粉会使鸡的健康受到威胁。

2. 肉骨粉

近年来，人们对牛海绵状脑病（BSE，又称疯牛病）再熟悉不过了。究其病因，是用了有问题的肉骨粉喂牛引起的。为了切断病原，英国对反刍动物饲料中添加肉骨粉制定了两个限制性法案。

鸡是单胃动物，没有严格禁止使用肉骨粉，但在实际应用时，应防止使用霉变的肉骨粉与肉粉喂鸡。应加强卫生检测，严格限制其中的真菌和细菌数量。

五、蛋鸡饲料的无害化管理

配合饲料生产是把众多种类的饲料原料，经一定的加工工艺，按一定的配比生产出符合不同饲养标准的合格产品。产品质量与原料的质量密切相关。只有严把原料收购关，同时注意饲料加工、调制过程的无公害化管理，才能生产出质优价廉的配合饲料。

（一）饲料原料收购的无害化管理

虽然组成配合饲料的原料种类繁多，但我国对大多数饲料原料都制定了相应的质量标准。因此，原料收购过程中一定要严格遵守原料的质量标准，以确保原料质量。饲料原料的质量好坏，可以通过一系列的指标加以反映，主要包括一般性状及感官鉴定，有效成分的检测分析，是否含有杂质、异物、有毒有害物质等。

1. 一般性状及感官鉴定

这是一种简略的检测方法，由于其简易、灵活和快速，常用于原料收购的第一道检测程序。感官鉴定就是通过人体的感觉器官来鉴别原料是否色泽一致、是否符合该原料的色泽标准、有无发霉变质、结块及异物等。如发霉玉米可见其胚芽处有蓝绿色，麸皮发霉后出现结块且颜色呈蓝灰色，掺有羽毛粉的鱼粉中有羽毛碎片，过度加热的豆粕呈褐色等。通过嗅觉来鉴别具有特殊气味的原料，检查有无霉味、臭味、氨味、焦糊味等，如变质的肉骨粉有异味，正常品质的鱼粉有鱼特有的腥香味等。将样品放在手上或用手指捻搓，通过触觉来检测粒度、硬度、黏稠性，有无附着物及估计水分的多少。必要时，还可通过舌舔或牙咬来检查味道，如过咸的鱼粉用舌舔可以鉴别。对于检查设施较为完善的地方，可借助于筛板或放大镜、显微镜、水分测试仪等进行检查。一般性状的检查通常包括外观、气味、温度、湿度、杂质和污损等。

2. 有效成分分析

（1）概略养分：水分、粗蛋白质、粗脂肪、粗纤维、粗灰分和无氮浸出物总称六大概略养分。它们是反映饲料基本营养成分的常用指标（图4-6至图4-8）。

（2）矿物质：饲料中的矿物质成分很多，钙、磷和食盐的含量是饲料的基本营养指标。含量不足，比例不当，往往会引起相应的缺乏症。但如果使用过量时，就会破坏鸡体的正常代谢和生产性能发挥。以上常量元素可通过常规法进行测定（图4-9、图4-10）。

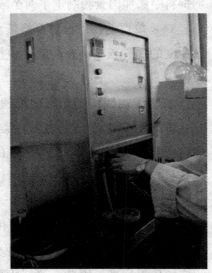

图4-6　蛋白测定

图4-7 脂肪测定　　　　　　　　图4-8　纤维素测定

图4-9 钙测定　　　　　　　　图4-10　磷测定

（3）饲料添加剂：饲料添加剂包括微量元素、维生素、氨基酸等营养添加剂和生长促进剂、驱虫保健剂等非营养性添加剂。在生产过程中，饲料添加剂用量很少，价格较高，要求极严。大部分添加剂的分析要借助于分析仪器，如紫外分光和液相色谱等，有时还采用微生物生化法和生物试验的方法加以检测。

3. 有毒有害物质的检测

饲料原料中含有的有毒物质大致可分为以下几类。它们需要在专业实验室分析。

（1）真菌所产生的毒素：如黄曲霉毒素、杂色曲霉毒素和棕色曲霉毒素等。

（2）农药残留：主要为有机氯、有机磷农药残留和贮粮杀虫剂残留等。

（3）原料自身的有毒物质：如棉籽饼（粕）中的棉酚，菜籽饼（粕）中的异硫氰酸酯，高粱中的单宁等。

（4）铅、汞、镉、砷等重金属元素及受大气污染而附上的有毒物质：如烟尘中的3，4-苯丙芘对饲料的污染等。

（5）某些营养性添加剂的过量使用：如铜、硒等，用量过大同样会引起蛋鸡中毒。

有毒有害物及微生物的含量应符合相关标准的要求，制药工业的副产品不应作为蛋鸡饲料原料，应以玉米、豆饼为蛋鸡的主要饲料，使用杂饼粕的数量不宜太大，宜使用植酸酶减少无机磷的用量。

（二）加工和调制的无害化管理

饲料企业的工厂设计与设施配套、工厂的生产管理和生产工艺流程应符合国家有关规定，新接受的饲料原料和各批次生产的饲料产品均应保留样品。

1. 粉碎过程

饲料生产中应用的谷物原料一般都先经过粉碎。粉碎大块的原料，要检查有无发霉变质现象。粉碎后的原料粒径减小，表面积增大，在蛋鸡消化道内更多地与消化酶接触，从而提高饲料的消化利用率。通常认为饲料表面积越大，溶解能力越强，吸收越好，但是事实不完全如此，吸收率取决于消化、吸收、生长、生产机制等。如饲料有过多粉尘，还会引起蛋鸡呼吸道、消化道疾病等。因此，粉碎谷物都有一个适宜的粒度。同时，粉碎粒度的情况也将直接影响以后的制粒性能，一般来说，表面积越大，调质过程淀粉糊化越充分，制粒性能越好，越有利于饲料消化吸收。

2. 配料混合过程

配料精确与否直接影响饲料营养与饲料质量。若配料误差过大，营养的配给达不到要求，一个设计科学、合理的配方就很难实现。

定期对计量设备进行检验和正常维护，以确保其精确性和稳定性。微量和极微量组分应提前进行预稀释，并应在专门的配料室内进行。

混合工序投料应按照先大量、后小量的原则，投入的微量组分应将其稀释到配料最大称量的5%以上。

同一班次应先生产不添加药物添加剂的饲料，然后生产添加药物添加剂的饲料。先生产药物含量低的饲料，再生产药物含量高的饲料。在生产不同的药物添加剂的饲料产品时，对所用的生产设备、用具、容器应进行彻底的清理（图4-11）。

图4-11　饲料搅拌机

3.调质

制粒前对粉状饲料进行水热处理称为调质，通过调质可达到以下目的。

（1）提高饲料可消化性：调质的主要作用是对原料进行水热处理。在水热作用下，原料中的生淀粉得以糊化而成为熟淀粉。如不经调质直接制粒，成品中淀粉的糊化度仅14%左右；采用普通方法调质，糊化度可达30%左右；采用国际上新型的调质方法，糊化度则可达60%以上。淀粉糊化后，可消化性明显提高，因而可通过调质达到提高饲料中淀粉利用率的目的。调质过程中的水热作用还使原料中的蛋白质受热变性，饲料中的蛋白质消化吸收提高。

（2）灭菌：当今饲料研究的一个热点是饲料的安全与卫生。饲料的安全卫生达不到标准，不仅影响蛋鸡的生长发育和生产性能，禽产品的安全也难以保证。饲料与动物健康的关系虽已被饲料研究和生产者注意，但目前国内众多饲料厂采用在饲料中加入各种防病、治病药物的方法有很多弊端。而大部分致病菌不耐热可通过采用不同参数或不同的调质设备进行饲料调质，可有效地杀灭饲料中的致病菌、昆虫或昆虫卵，使饲料的卫生水平得到保证。同样配方的饲料，如经过高温灭菌后，鸡的发病率会明显下降。与药物防病相比，调质灭菌成本低，无药物残留，不污染环境，无副作用。

（三）包装、运输与贮存

第一，饲料包装应完整，无漏洞，无污染和异味。包装的印刷油墨应无毒，不向内容物渗漏（图4-12）。

图4-12　成品饲料

第二，运输作业应保持包装的完整性，防止污染。要使用专用运输工具，不应使用运输畜、禽等动物的车辆及运输农药、化肥车辆运输饲料，运输工具和装卸场地应定期消毒。

第三，饲料保存于通风、背光、阴凉的地方，饲料贮存场地不应使用化学灭鼠药和杀虫剂等。保存时间夏季不超过10天，其他季节不超过30天。

第五章　蛋鸡饲养管理技术

　　品种是决定蛋鸡生产潜力的根本，高质量饲料是保证蛋鸡生产潜力充分发挥的基础，但挖掘其生产性能潜力还必须依靠科学的饲养管理技术。实施科学的饲养管理，才能使生产性能最大限度得以发挥，否则，品种再好，饲料质量再高，其生产性能也难以发挥出来。根据蛋鸡生长发育和生产特点，饲养周期可划分为三个阶段：育雏期(0～6周龄)、育成期(7～18周龄)和产蛋期（19周龄至淘汰）。

一、育雏期饲养管理

　　育雏期一般指0～6周龄。育雏期是蛋鸡生产中饲养管理和疫病防治的关键时期，雏鸡培育的好坏直接影响育成鸡（又称后备鸡）的生长发育、成活率的高低，以及日后成年鸡的生产性能。育雏期要求房舍保温性能良好，加温设施配套完备；育雏期的饲料为颗粒状，营养浓度较高；育雏期的免疫接种次数较多，管理更应认真仔细。

（一）育雏方式

1. 平面育雏

　　平面育雏分为地面平养和网上平养。

　　（1）地面平养就是在地面铺约10厘米厚的垫料（垫料可经常更换，也可到育雏期结束时一次性清理），将料槽（或开食盘）和饮水器置于垫料上，雏鸡在垫料上采食、饮水、活动和休息，这种育雏方式叫地面平养（图5-1）。供

图5-1　地面垫料平养鸡舍

图5-2 热风炉

图5-3 网床平养鸡舍

暖方式有两种：一是整体供暖，如煤炉、暖气、热风炉、暖风机和火炕或烟道等；另一种是局部供暖与整体供暖相结合，如煤炉火+控温育雏伞、暖气+控温育雏伞、热风炉+控温育雏伞、暖风机+控温育雏伞等，与整体供暖相比，局部供暖与整体供暖相结合的供暖方式更节省能源（图5-2）。

（2）网上平养就是将料槽（或开食盘）水槽（或饮水器）置于网床上，雏鸡在网床上采食、饮水、活动和休息，这种育雏方式叫网上平养（图5-3）。

网床制作：用金属焊制、木棍或竹棍扎制床架，将塑料网或铁丝网铺在床架上，床面离地60~100厘米，并将网片在床四周折竖成床围，床围高30~50厘米。供暖方式与垫料平养基本相同（图5-4、图5-5）

图5-4 网床下的取暖烟道

图5-5 建在鸡舍外的火道口

2. 笼养

随着饲养规模的扩大，现代一般采用笼养育雏，即采用多层育雏笼育雏，或育雏育成笼育雏。笼养一般采用整体供暖方式供暖（图5-6、图5-7）

图5-6　多层育雏笼育雏

图5-7　育雏育成笼育雏

（二）育雏前的准备

1. 制订育雏计划

（1）育雏季节的选择：不同生产规模的蛋鸡场，其选择育雏季节的依据各不同。大型蛋鸡场，为充分利用育雏舍和育成舍，全年均衡向市场供应鸡蛋，常年定期育雏。而小规模的蛋鸡场，育雏季节的选择依据是既有利于育雏，又要使产蛋高峰避开高温季节而处于蛋价最好的季节。从多年的统计结果看，一般每年的9月到第二年的1月是鸡蛋价格较好的时期，因此，尽量选择在2～3月份育雏（最晚不超过5月份），这时的气候条件也有利于雏鸡生长发育；经5个多月的时间，8～9月份开产，10～11月份进入产蛋高峰期，既避开高温季节，鸡蛋又能赶上好价格。

（2）进雏数量的确定：每批进雏数量必须与育成舍、产蛋鸡舍的容量相符，不能盲目进雏。在育雏舍和产蛋鸡舍的容量允许的前提下，进雏数量以产蛋鸡舍的容量为基础来计算。进雏数=产蛋鸡舍的容量÷雌雄鉴别准确率÷（1-育雏育成期的死淘率）。

2. 育雏舍及其设备的准备

育雏前，检修好育雏舍、育雏设备和电路；准备足够的开食盘、料槽、饮水器，并将其清洗干净后用0.1%的高锰酸钾溶液等消毒液浸泡消毒，再用清水洗净；将育雏舍彻底清扫，地面、墙壁、门窗、鸡笼（或网床）和其他育雏用具用高压水枪冲刷，冲洗后用1%～2%的火碱水浸泡地面及1米高墙壁2～4小时后，再用清水冲洗；水干后，再用0.3%～0.5%的过氧乙酸溶液或其他消毒剂溶液，进行高压水枪喷洒消毒；待水干后，将底网、侧网安装好，用火焰对笼架、底网、侧网及料槽，仔细喷烧两遍，将其余设备全部安装布置好（地面平养要铺好垫料），把鸡笼（或网床）料槽（开食盘）饮水器和其他育雏用具放入育雏室一同用15克/立方米高锰酸钾、30毫升/立方米福尔马林（含40%甲醛）密闭熏蒸，24小时后打开门窗和排风扇排尽甲醛气味，至少空置2周。进雏2天前，检验调试（火炉供暖要检查炉子烟筒是否漏气），一切正常后要提前预温，将育雏室内环境条件调到育雏所需要求，尤其是温度，据作者经验待育雏舍温度达到36℃以上时，方可接鸡（图5-8至图5-13）。

图5-8　火焰喷烧育雏笼

图5-9　火焰喷烧雏鸡料槽

图5-10　火碱配制

图5-11　用火碱溶液刷育雏舍墙壁

图5-12 用火碱溶液喷洒地面　　　　　图5-13 福尔马林熏蒸

3. 制定出合理的免疫程序，准备好饲料、垫料、药物和疫苗等物资

根据当地疾病流行情况及本场的实际，制定出科学的免疫程序。选购备足常用的预防用兽药、治疗用兽药和消毒药（图5-14）。按照营养标准准备好适量的育雏料及开食用的玉米糁子。地面平养还应备足优质垫料，垫料要求干燥、清洁、柔软、吸水性强、灰尘少，切忌使用发霉的垫料（图5-15、图5-16）

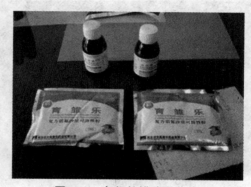

图5-14 备好的雏鸡用药物

图5-15 备好的雏鸡用营养性添加剂

图5-16 备好的育雏用消毒药

（三）雏鸡的选择与运输

雏鸡的选择方法与第三章中"雏鸡的质量选择"一节相同。雏鸡一般由孵化场的运输雏鸡的专用车送到，如果要自己运，最好购买孵化场的一次性运雏箱。要对运雏工具和车辆进行消毒；运雏箱一般一箱可以装雏100只，夏季装雏80只。运雏车要求既要保温又通风良好，切忌用敞篷车运雏，更不能用运过化肥、农药的车运雏，装车时盒与盒之间要有一定空隙；行车要平稳，防止剧烈颠簸和急刹车，途中不得停留。运输途中要经常观察，注意雏鸡箱是否歪斜、翻倒，防止挤压或窒息死亡。运输时间选择要合适，冬季选择中午运，夏季在早晚运，要在出壳后48小时以内到达目的地（图5-17至图5-20）。

图5-17　健康雏鸡

图5-18　雏鸡肚脐未吸收好

图5-19　运雏车

图5-20　一次性运雏箱

（四）饲养管理方式

1.雏鸡的生理特点及相应饲养管理要求

与其他阶段的鸡相比，雏鸡有下列特点：第一，体温调节能力差。刚出壳的雏鸡体温低，大约20日龄时才接近成年鸡的体温，羽毛短而稀疏，且全为绒毛，保温能力差，雏鸡采食少，体内产热少，要注意保温；雏鸡虽体重小，但单位体表面积大，散热多，40日龄后才具备适应外界环境温度变化的能力，因此，育雏期所需的温度较高。第二，消化能力差。雏鸡的胃肠道容积小，消化机能尚未健全，对食物的消化能力差。因此，要求提供易消化的饲料，并采用少量多次的饲喂方式。第三，代谢旺盛，生长发育快。一般2周龄、4周龄和6周龄雏鸡的体重分别是出壳重的4倍、8.3倍和15倍，因此，在保证良好环境条件的同时，还要求提供各种营养成分充足的饲料。第四，抗病力弱。雏鸡的抗病力弱，加之饲养密度大，育雏期必须加强卫生消毒和预防免疫。饲喂大鸡的饲养员不得进入育雏舍，育雏舍的饲养员进出必须更换工作服，尤其是工作鞋。第五，敏感性强。雏鸡对周围环境的变化非常敏感，噪音、各种颜色或生人进入都会引起鸡群骚乱。因此，环境的安静与饲养管理的稳定对育雏尤为重要。

2. 适宜的环境

雏鸡的生理特点决定了育雏期条件不同于其他阶段，这些条件主要包括温度、湿度、空气、密度、光照等。

（1）温度：温度是培育雏鸡的首要环境条件，温度控制得好坏直接影响育雏效果。观察温度是否适宜，除看温度计外（注意：温度计要挂在鸡活动区域里，高度与鸡头水平），主要看雏鸡的表现（图5-21至图5-23）。当雏鸡在笼内（或地面、网上）均匀分布，活动正常，采食、饮水适中时，则表示温度适宜；当雏鸡远离热源，两翅张开，趴地张口喘气，采食减少，饮水增加，则表示温度过高，应设法降温；当雏鸡紧靠热源挤压成堆，吱吱尖叫，则为温度偏低，应加温（注意：夜间温度比白天要高1～2℃）。不同育雏方式的育雏温度要求详见表5-1。

图5-21　育雏温度适宜

图5-22 育雏温度过高　　　　　　　　　图5-23 育雏温度偏低

表5-1　建议的育雏温度 （℃）

日龄	温度	日龄	温度
0～3	36～33	22～28	26～24
4～7	33～31	29～35	23～21
8～14	31～29	35～42	23～21
15～21	29～27		

注：表中温度是指雏鸡活动区域内鸡头水平高度的温度。

　　0～3日龄的温度控制至关重要，温度偏低会严重影响雏鸡腹腔内剩余卵黄的吸收及生长发育，甚至导致死亡。据作者经验，前3天的温度尤其是夜间温度一定要达到36℃。防止温度偏低固然重要，但也要防止温度过高，温度过高会导致雏鸡活动减少，饮水增加，采食减少，同样会影响雏鸡的生长发育。随着雏鸡日龄的增大，育雏温度应逐渐降低，且要保持育雏舍内温度相对稳定。

　　（2）湿度：湿度对雏鸡的影响不像温度那样严重，但当湿度过高过低或与其他因素共同作用时，可能对雏鸡造成很大危害。因此，育雏舍的湿度不可忽视。雏鸡较适宜的环境湿度是55%～65%，育雏前期即1～10日龄湿度要稍高些，60%～70%，育雏中后期即10日龄以后湿度要低些，50%～60%。育雏前期湿度过低，可在火炉上放水盆或水桶蒸发水分或者在地面、墙壁上喷水；中后期湿度过大时，应加大通风量，降低饲养密度，防止漏洒水。测定育雏舍的相对湿度用干湿温度计，利用干球读数与湿球读数的差来测定育雏舍的湿度，不同干、湿温度差的相对湿度值见表5-2（图5-24）。

表5-2 利用干球与湿球温度读数差确定相对湿度

干球温度与湿球温度读数差（℃）	1	2	3	4	5	6
干球温度读数（℃）			相对湿度（%）			
23	92	84	69	69	62	55
24	92	84	69	69	62	56
25	92	84	70	70	63	57
26	92	85	70	70	64	57
35	94	87	81	75	69	64
36	94	87	81	75	70	64
37	94	87	82	76	70	65

图5-24 干湿温度计

（3）通风：为了防止育雏舍内有害气体浓度过高，在保证温度的前提下，应适当通风，尽量保持育雏舍内空气新鲜。育雏期通风量为每只每小时1.8～2.3立方米，通风量的大小随品种和日龄的变化而变化。白壳蛋鸡要求的通风量比褐壳蛋鸡小些，鸡的日龄越大要求的通风量就越大。判断舍内空气新鲜与否，在无检测仪器的条件下以人进入舍内感到较舒适，即不刺眼、不呛鼻、无过分臭味为适宜（氨气不超过20毫克/千克，硫化氢不超过10毫克/千克，二氧化碳不超过0.15%）。对小规模蛋鸡场，如果没有专门的通风设备，一般通过开关门窗来通风换气。做法是在中午或天气温暖时

图5-25　育雏舍用换气扇

打开门窗，视舍内温度的高低确定关闭的时间（图5-25）。

（4）密度：不同的育雏方式、不同饲养阶段，饲养密度各不相同。饲养密度的大小直接影响雏鸡的生长发育，饲养密度合理，雏鸡采食、饮水正常，生长发育均匀一致。密度过大，生长发育不整齐，易感染疫病和发生啄癖，死亡率增高，羽毛生长不整齐。密度过小，会造成人员、设备等的浪费。饲养密度的大小还受其他很多因素影响，如品种、季节、鸡舍环境等。一般来讲，饲养褐壳蛋鸡或在夏季育雏时，饲养密度应小些；而饲养白壳蛋鸡或在冬季育雏，饲养密度可大些。不同日龄、不同育雏方式下的饲养密度见表5-3。

表5-3　不同日龄、不同育雏方式下的饲养密度

垫料平养		立体笼养		网上平养	
周龄	密度（只/平方米）	周龄	密度（只/平方米）	周龄	密度（只/平方米）
0~2	30~35	0~1	60	0~2	40~50
2~4	20~25	1~3	40	2~4	30~35
4~6	15~20	3~6	34	4~6	20~24
6~12	5~10	6~11	24	6~8	14~20
12~20	5	11~20	14	—	—

据作者多年工作经验：为了使整群雏鸡能均匀生长，结合免疫力不断降低饲养密度。垫料平养、网上平养的雏鸡，每次调整时要将体重小的放在离热源比较近的地方；立体笼养的雏鸡，1~3日龄所有雏鸡全部放在上两层笼

内，每次调整时要将体重小的放在最上一层，体重大的逐渐往下层疏散。

（5）光照：光照对雏鸡的生长发育十分重要，它关系到雏鸡的采食、饮水、运动和休息，以及饲养人员的管理操作。

育雏期的前3天，采用24小时光照，白天利用自然光照，夜间用白炽灯、节能灯补充光照的强度约为6～8瓦/平方米，便于雏鸡熟悉环境，寻找采食、饮水位置，也有利于保温。4～7日龄，每天光照19～22小时，以后每周逐渐缩短光照时间，让雏鸡逐步适应夜间黑暗，到6周龄后每天光照10～12小时。

6周龄后开放式、半开放式育雏舍采用自然光照，等自然光照时数达不到10～12小时时，可补充人工光照，目的是延长采食时间，满足生长发育需要。到6周龄，光照强度也要逐渐减弱到4～5瓦/平方米。光线分布要均匀，灯与灯之间的距离为2～3米，灯离地面的距离为1.5～2米，保证每个位置、每层笼

图5-26　育雏舍三排照明灯

内的雏鸡能接受到合适的光线（图5-26）。育雏期光照制度见表5-4。

表5-4　育雏期光照制度

周 龄	关灯时间	光照时数（小时）
0～3日龄	夜间不关灯	24
4～7日龄	晚2：00～4：00	22
2	晚2：00～早6：00	20
3	晚12：00～早6：00	18
4	晚10：00～早6：00	16
5	晚8：00～早6：00	14
6	下午6：00～早6：00	12

注：如果发现雏鸡的体重小于标准体重，可在夜间10：00～12：00之间补饲1小时。

3. 雏鸡的安放、初饮和开食

（1）安放　雏鸡进入育雏舍之后，马上进行计数，并按强弱分群。强雏安放在离热源较远处，弱雏靠近热源。多层笼育雏时弱雏放在上层，强雏放在

下层。注意要将用后的一次性纸制雏鸡盒烧毁。

（2）初饮：初生雏鸡第一次饮水为初饮。雏鸡入舍后，稍作休息即可进行初饮。初饮的水应提前放在育雏舍内，最好是凉开水或软化水，第一天在饮水中可适当添加5%～8%的葡萄糖或白糖，0.1%的维生素C或电解多维，及预防雏鸡白痢的药物，如果雏鸡经过长途运输，此配液可连用3天，但每次必须是现饮现配。注意备足饮水器（或水槽），保证任何时候饮水器（或水槽）都有干净水；雏鸡刚进育雏室对环境不适应，不会饮水，放鸡时可逐只在水里沾一下喙，或是先抓几只雏鸡，把喙按入饮水器，这样反复2～3次便可学会饮水，这几只雏鸡学会后，其他的雏鸡很快都去模仿（图5-27）。

图5-27 饮水设施

（3）开食：雏鸡第一次喂食叫开食。一般掌握在出壳后的24～36小时，初饮后2～3小时、看有1/3的雏鸡有求食的欲望时开食。开食不宜过早，过早开食因胃肠软弱，容易损伤消化器官；但是过晚开食有损体力，影响正常生长发育。据作者经验：玉米糁子易消化，用玉米糁子开食，有利于胎粪的排出，可

图5-28 开食用玉米糁子

减少雏鸡白痢病的发生，每只鸡需准备玉米糁子5克。将玉米糁子撒于开食盘或塑料布上，耐心诱导采食，随后便可饲喂干的颗粒雏鸡料（图5-28至图5-30）。

92

图5-29 开食

图5-30 雏鸡颗粒饲料

4.雏鸡的日常饲养管理

（1）饲喂：前一周饮温开水，一周后可饮自来水，自来水提前装入桶内，放入育雏室，使水温与室温相同。饮水要清洁，水质符合人畜饮水标准。饮水器（或水槽）数量要配足，确保每只鸡有足够饮水位置（表5-5）。雏鸡不能断水，确保在有光照的时间内饮水器中始终有新鲜水，否则会引起相互啄食，每次换水时都要对饮水器进行清洗、消毒。一般情况下，雏鸡的饮水量为采食量的2倍，雏鸡饮水量的突然改变，往往是鸡群出现问题的征兆。如球虫感染、法氏囊病感染或饲料中食盐含量过高，都会引起鸡群饮水量突然增加。雏鸡的饮水量见表5-6。

表5-5 雏鸡的采食、饮水位置要求

雏鸡周龄	采食位置		饮水位置		
	料槽（厘米/只）	料桶（只/个）	水槽（厘米/只）	饮水器（只/个）	乳头饮水器（只/个）
0~2	3.5~5	45	1.2~1.5	60	10
3~4	5~6	40	1.5~1.7	50	10
5~6	6.5~7.5	30	1.8~2.2	45	8

注：料桶食盘直径为40厘米，饮水器水盘直径为35厘米。

表5-6 雏鸡的饮水量参考标准［毫升/（只·日）］

周龄	饮水量	周龄	饮水量
1	12~25	5	55~70
2	25~40	6	65~80
3	40~50	7	75~90
4	45~60	8	85~100

饲喂雏鸡的饲料品质要好，营养全面，适口性强，粗纤维含量低，易消化。饲喂时应遵循少量多次的原则。除开食用玉米糁子，最好选用大型饲料公司生产的颗粒雏鸡料，7周龄后换粉料。前3天用开食盘或塑料布饲喂，第4日龄开始笼养鸡换挂料槽，平养鸡换料桶。0～3日龄自由采食，4～7日龄每天喂8次，即每间隔2～3小时喂1次，以后随着光照时间的缩短，逐渐减少饲喂次数，逐渐减少到7周龄每天喂4次。

（2）称重：为了掌握雏鸡的发育情况，检查饲养管理是否到位，及时发现问题解决问题，应定期称重（图5-31）。按1%～5%随机抽样，逐只空腹称重，每次不得少于50只，将称重结果与标准体重比较，蛋鸡不怕体重过大，若体重过小，应检查是饲料问题还是管理问题，并采取相应措施。每一品种

图5-31 称重

都有其标准体重和饲料消耗量，在《鸡饲养标准》（NY/T 33—2004）中对于1～8周龄的蛋用雏鸡体重发育和饲料消耗提出了标准，见表5-7。实践中需要根据鸡体重的抽查情况，了解雏鸡的生长发育，并合理调整每周的饲料供给量。

表5-7 生长蛋鸡体重与耗料量

周 龄	周末体重（克/只）	耗料量［克/（只·周）］	累计耗料量（克/只）
1	70	84	84
2	130	119	203
3	200	154	357
4	275	189	546
5	360	224	770
6	445	259	1029
7	530	294	1323
8	615	329	1652

（3）断喙：导致啄癖的原因有很多，如日粮不平衡、饲养密度过大、温度过高、通风不良、光照过强、断水或缺料等，除克服以上问题外，目前防止啄癖普遍采用的主要措施就是断喙。断喙既可防止啄癖，又节约饲料，促进雏鸡的生长发育。一般进行两次断缘，在6～9日龄进行第一次断喙，将上喙断去1/2～2/3，下喙断去1/3。具体方法：待断喙器的刀片烧至褐红色，用食指扣住喉咙，拇指压住鸡头，使雏鸡缩舌防止烧到舌尖，上下缘同时断，断烙的时间为1～2秒；若发现有的个别鸡断后出血，应再行烧烙。断喙时应注意：免疫期不断喙，断喙过程中不能同时进行免疫；断缘前在每千克饲料中加入2毫克维生素K，以防出血过多，其他维生素的添加量也要增加2～3倍；断喙后立即供给清洁饮水，料槽和水槽要上满些，以免碰到坚硬的料槽和水槽。第二次断喙结合免疫，一般在20日龄后，对第一次断喙不太整齐的进行修补（图5-32、图5-33）。

图5-32 断喙

图5-33 断喙前后对比

（4）观察鸡群：每天饲养人员、技术管理人员要对鸡群进行细致的观察。具体从以下几个方面来观察：一是观察雏鸡的精神。健康雏鸡反应灵敏，饲养员经过，紧跟不舍；病鸡反应迟钝或独居一处。二是观察采食和饮水情况。健康雏鸡食欲旺盛，采食急切，饮水量适中；一般病鸡食欲下降或废绝，饮水量增加。三是观察粪便。正常雏鸡粪便为灰白色，上有一层白色尿盐酸（盲肠粪便为褐色），稠稀适中，患有某种疾病时，往往拉稀或颜色异常。四是听音。关灯1小时后，听是否有咯音、呼噜声、甩鼻等声音。如有这些情况，则说明鸡群已有病情，需做进一步的详细检查。如发现病鸡应及时拿出，送兽医检查化验。

（5）卫生消毒和疾病预防：雏鸡抗病力差，饲养密度又大，患病后易于传播。因此，育雏期必须加强卫生消毒和疾病的预防监测。每天按时清粪并及时运至粪污处理场或区，进行无害化处理；保持鸡舍内部和周围环境的清洁卫生，饮水设施每天清洗消毒，料槽等其他用具定期清洗消毒；周围环境每天消毒1次，鸡舍带鸡每天消毒2次，早晚各1次，喷雾的高度以超过鸡背20～30厘米为宜，消毒药应选两种以上不同成分的交替使用。饲养员每次进入鸡舍时都要更换育雏专用工作衣。严格按免疫程序进行免疫接种，还可在一些疾病的高发期进行预防性投药。预防和治疗的药物使用应遵守国家关于畜禽用药的规定要求（图5-34）。

图5-34　育雏舍周围环境消毒

（6）做好记录：为了便于计算成本，检查育雏效果，要做好准确育雏记录。记录内容可根据具体情况而定，但必须包括进雏时间、入舍雏鸡数、每日耗料量、每日死亡数、存活数、各周末体重、温湿度、光照、投药情况、疫苗接种情况等。

5. 育雏效果的检查

检查育雏效果的好坏主要通过成活率、体重和均匀度等指标来衡量。在良好的饲养管理条件下，雏鸡0～6周龄的成活率在95%以上，育雏效果好的鸡群可达95%～97%。如果鸡群中80%的个体在平均体重±10%范围内，则认为均匀度较好。雏鸡成活率（%）＝育雏期末存活的雏鸡数÷入舍雏鸡数×100%。

二、育成期饲养管理

育成期指7周龄到开产前期（18周龄）。育成期开放式、半开放式鸡舍采用自然光照，饲喂次数、免疫次数均少于育雏期，每天也不需要捡蛋，表面看育成期的饲养管理最为简单，但同样不可忽视，育成期的任何失误都会使育雏期的成果前功尽弃，而且影响后期的产蛋性能。

（一）育雏期与育成期的过渡

1. 转群

为了减少投资，现在一般不另外配置专门的育成笼舍，雏鸡在育雏舍养到10周左右时直接转入产蛋舍。在转群1个月前，必须完成育成舍（产蛋舍）及设备的检修、清洗和消毒等准备工作。转群前后2～3天要在饲料或饮水中添加电解多维及抗菌消炎药物，以防转群应激引起鸡群发病，正式转群前6小时要停止给料。转群应在下午5点后进行，夏天要更晚，使鸡群经过一个晚上的休息减少应激。结合转群，进行鸡只的盘点、强弱分群和选留淘汰，淘汰病残个体，以防病菌带进育成舍。转群应注意：转群同时不能接种疫苗、断喙；转群的时间应选在天气不冷不热时进行；抓鸡的动作要轻，不能用力太大，要抓两腿，一次抓的鸡数不能太多，以防造成伤害；转群最好使用育成鸡专用转运盒（图5-35、图5-36）。

图5-35 残鸡　　　　　　　　图5-36 育成鸡专用转运盒

2. 逐步脱温

转群前应逐渐降温，降至与育成舍温度相衔接，只要昼夜温度稳定在18℃以上，即可撤温；但如遇到降温天气（尤其是晚上），则应及时升温。

3. 逐渐换料

雏鸡料和育成鸡料有很大差异，如果突然换料，会造成较大的应激，应该逐渐更换，根据体重情况，一般7～8周龄末换料，在雏鸡料中每天以15%～20%比例增加育成料，用1周左右时间逐渐过渡到育成料。

（二）育成期饲养管理

1. 育成鸡的生长发育特点及相应饲养管理要求

育成鸡的体温调节能力逐步增强，对外界环境有较强的适应能力；消化机能基本健全，采食量与日俱增，骨骼和肌肉的生长都处于旺盛时期，自身对钙质的沉淀能力有所提高；10周龄后生殖系统发育速度加快直至性成熟。因此，这一时期的饲养管理重点是在保证骨骼和肌肉充分发育的前提下，严格控制性成熟时间。

2. 环境控制

在育成阶段，各种环境因素对育成鸡生长发育都有影响，但光照的影响是最重要的。

（1）光照：光照是育成期蛋鸡的首要环境条件，光照对育成鸡的生长发育（性成熟）具有重要影响，光照控制得好坏直接影响产蛋鸡的生产性能。蛋鸡育成期光照应遵循的原则是光照时间要短，可以恒定或渐减，绝不能延长，光照时间最好控制在每天8～10小时，光照强度不能增加，以5勒克斯（能看见采食）为宜。具体光照制度必须根据鸡舍类型和育雏季节来制定。

密闭式鸡舍光照制度：密闭式鸡舍光照不受自然季节变化的影响，光照时间、强度完全靠人工控制，其光照制度有恒定制和渐减制两种。恒定制：在育成期7～8周龄把育雏期末12小时的光照时间减到8～10小时，以后每天的光照时间控制在8～10小时；或在育成前期（7～12周龄）把每天光照时间控制为10小时，育成后期（13～18周龄）控制为8小时。渐减制：6周龄每天光照12小时，以后每周减30分钟，到14周龄每天光照减至8小时，每天光照8小时持续到18周龄。

开放式鸡舍光照制度：若是4月15日至9月1日孵出的雏鸡，因生长后期基本处在光照时间逐渐缩短的时期，可全部使用自然光照。其他时间孵出的雏鸡，可以采用自然光照加人工补光，其光照制度有恒定制和渐减制两种。恒定制：方法是查出该群鸡：6～18周龄间最长的日照长度，以该时间长度作为固定光照时间，对6～18周龄中自然光照不足部分进行人工补光。渐减制：方法是先查出该群鸡到达18周龄时的日照时间，再加4个小时，作为该批鸡第7周龄的光照时间，以后每周减少20分钟，18周龄正好减至自然日照时间。

（2）温度、湿度和通风：育成期雏鸡对温度的变化适应力较强，一般不设专门的供暖设备，而是借助通风调节温度，但对刚脱温的育成鸡，应注意天气的剧烈变化，遇到寒流时应采取一些保温措施。育成舍最适宜温度为15～28℃，此温度范围有利于提高饲料转化率，有利于鸡的健康和生长发育。需要注意的是冬季育成舍的温度不能低于10℃，夏季不要超过30℃。温度控制要相对恒定，不能忽高忽低。

育成舍内相对湿度可40%～70%，育成期很少出现舍内湿度偏低的问题，常见的问题是湿度偏高。因此，应通过合理通风、及时清除粪便、减少饮水系统漏水等措施来降低湿度。

通风的目的是促进舍内外空气交换，保持舍内空气新鲜。无论采用什么方式通风，每天都要定时开启通风系统进行换气，要求通风量为每只鸡每小时6～8立方米。以人员进入鸡舍后没有明显的刺鼻、刺眼等不适感为宜。

（3）密度：随着鸡日龄的增大，体重不断增加，体积明显增大，要求的活动空间也应不断加大。因此，在饲养过程中，要不断调整饲养密度。地面平养时的合理饲养密度为（舍内）：7～12周龄10只/平方米；13～20周龄6～8只/平方米；网上平养时14只/平方米；立体笼养时24只/平方米。

3. 性成熟控制

任何一个品种的蛋鸡都有它自己固定的性成熟期，适时开产可使鸡群的产蛋高峰高而持续时间长，总产蛋量、蛋重增加，产蛋期成活率的提高。开产过早，产蛋高峰值低，持久性差，总产蛋量低，蛋重小，产蛋鸡易脱肛，死亡率高；开产过晚，产蛋期短，总产蛋量也低。因此，我们必须尽力控制鸡群适时开产。在所有的饲养管理条件中，光照和饲料对鸡性成熟的影响作用最大，控制性成熟实际就是控制光照和增重。

（1）光照控制：育成期、尤其育成后期的光照时间和强度是影响母鸡性器官的发育、性成熟的关键因素。因此，在育成期特别是育成后期，光照的控制非常重要，给予合理的光照是控制母鸡适时开产的最有效措施之一。要严格遵守本章前面已讲过的光照制度。

（2）限制饲喂：育成期体重增长快，往往容易导致早产、产小蛋和产蛋期死亡率升高，同时也浪费饲料。因此，蛋鸡育成期另一项关键的饲养管理工作就是控制增重，限制饲喂是控制增重的有效措施。限制饲喂的方法有限时法、限量法和限质法三种。商品蛋鸡除大体型鸡外，近年国内饲养的中小型蛋鸡一般育成期体重不会超标，不用限制饲喂。据作者经验，轻型蛋鸡育成鸡开产前的体重应比标准高15%～20%，以备开产初期、产蛋高峰期体重的自然回落。

4.育成鸡的日常饲养管理

（1）饲喂管理：保证饮水器或水槽不断水，水质新鲜，符合畜禽饮用水水质标准。为防止饲料浪费，随着日龄的增长，应及时调整料槽、水槽的高度（注意：乳头饮水器应稍高于鸡头）。每天检查饮水设备，发现有渗漏及时维修。

为了确保育成鸡的生长发育，可根据鸡的发育情况、饲喂量和饲养方式来确定每天的饲喂次数。育成期笼养鸡每天饲喂2～3次，平养鸡使用料桶饲喂的每天饲喂一次。体重和体格发育不达标时可增加饲喂量和饲喂次数，体重严重超标时可减少饲喂量和饲喂次数。育成期每天的饲喂量可根据不同品种提供的体重标准和饲喂量标准作为依据进行安排。表5-8是罗曼褐商品代蛋鸡育成期体重与饲喂量标准。

表5-8　罗曼褐商品代蛋鸡育成期体重与饲喂量标准

周　龄	体重（克）	饲喂量［克/（只·日）］
7	536～580（558）	43
8	632～685（658）	47
9	728～789（759）	51
10	819～888（853）	55
11	898～973（936）	59
12	969～1050（1010）	62
13	1030～1116（1073）	65
14	1086～1176（1131）	68
15	1136～1231（1184）	71
16	1182～1280（1231）	74
17	1230～1332（1281）	77
18	1280～1387（1334）	80

（2）称重：育成期每两周称重一次，按1%～5%随机抽样，逐只空腹称重，每次不得少于50只，将每只鸡的体重与标准比较，如果相差太大，应及时查找原因，采取措施。当鸡群中有80%的鸡体重在平均体重±10%范围内时表明鸡群发育比较均匀；当大部分鸡高于这一范围，说明营养过剩，应限制饲养；相反，当大部分鸡低于这一水平时，应及时查找原因，如果是饲养管理有问题，应尽快改善；如果是饲料营养水平有问题，要尽快调整配方。

（3）强弱分群：为保持鸡群的健壮整齐，根据体重进行分群，并把较小、较弱的鸡挑出来单独集中饲养，给以优厚条件，使它们尽快赶上全群的生长水平。

（4）卫生消毒：每天按时清粪，保持鸡舍内和周围环境的清洁卫生，每天洗刷、消毒水槽，定期洗刷消毒饲槽及其他饲喂用具。鸡舍和周围环境每周消毒1次，每周带鸡消毒1～2次，有疫情时增加消毒次数。饲养员每次进入鸡舍时都要消毒更衣。

（5）断喙：在10周龄左右进行一次修整型断喙，主要断去前两次断喙后的再生部分。待断喙器的刀片烧至红褐色，将食指放在上下喙间，上下喙分别断，注意事项与第一次断喙相同。在开产前，注意观察鸡的喙部，发现漏断或喙长的，还要进行补断。

5. 选择与淘汰

要获得优质高产的产蛋母鸡，关键是要培育好的后备母鸡。对后备母鸡的要求是：个体间要均匀、体重达到标准要求、体质结实、骨骼发育良好。在12周龄时，淘汰鸡群中跛脚、瘦小及有病的鸡。在17～18周龄再进行一次选择，淘汰不合标准的。这样可以充分利用鸡舍设备，减少浪费（图5-37）。

图5-37　病残鸡

三、产蛋期饲养管理

随着蛋鸡养殖业的不断发展，规模化蛋鸡生产都采取笼养方式，实行全进全出的饲养管理制度。产蛋期饲养管理要点是满足蛋鸡的营养需要，创造良好的饲养环境，避免应激，提高蛋鸡的产蛋率、饲料转化率、存活率、总产蛋量，尽量延长产蛋高峰期和减慢高峰过后产蛋率下降速度，降低死淘率和蛋的破损率，获得更多的商品鸡蛋。

（一）产蛋舍准备

老鸡淘汰完应立即清理鸡舍内的粪便，仔细清洁鸡笼上、料槽内、水箱里的残余饲料及污物，然后用高压水枪冲洗，水干后再用有效消毒剂进行喷洒，晾晒好后静置1～2个月，在新鸡转舍的前一个月，调试好所有设备，用火焰喷烧屋顶、墙壁、地面、鸡笼等设备2次，再用15克/立方米高锰酸钾、30毫升/立方米福尔马林（含40%甲醛）密闭熏蒸，24小时后打开门窗和排风扇排尽甲醛气味，空置等待进鸡（图5-38至图5-40）。

图5-38　仔细清理鸡笼

图5-39　高压冲洗

图5-40　火焰喷烧

（二）产蛋规律与生产指标

不同品种鸡的开产日龄、产蛋高峰、蛋重等生产指标虽有不同，但蛋鸡开产后产蛋率和蛋重的变化都有相似的规律。从开产到达到产蛋高峰，基本需要2个月时间，相对稳定3～5个月后缓慢下降。随着日龄的增大，蛋重也在增加。饲养管理中应注意观察和利用这些规律，采取相应措施，提高总产蛋量。

每个蛋鸡品种的生产指标有所差异，表5-9中列举的是罗曼褐商品蛋鸡的产蛋性能指标，仅供参考。

表5-9　罗曼褐商品蛋鸡的产蛋性能指标

周龄	存栏鸡产蛋率（%）	入舍母鸡累计产蛋数（枚）	平均蛋重（克）	累计总蛋重（千克）
19	10.0	0.7	44.3	0.03
20	26.0	2.5	46.8	0.12
21	44.0	5.6	49.3	0.27
22	59.1	9.7	51.7	0.48
23	72.1	14.8	53.9	0.75
24	85.2	20.7	55.7	1.08
25	90.3	27.0	57.0	1.44
26	91.8	33.4	58.0	1.82
27	92.4	39.9	58.8	2.19
28	92.9	46.3	59.5	2.58
29	93.5	52.9	60.1	2.97
30	93.5	59.4	60.5	3.36
31	93.5	65.8	60.8	3.76
32	93.4	72.3	61.1	4.15
33	93.3	78.8	61.4	4.55
34	93.2	85.3	61.7	4.95
35	93.1	91.7	62.0	5.35
36	93.0	98.2	62.3	5.75
37	92.8	104.6	62.3	6.15
38	92.6	111.0	62.6	6.55
39	92.4	117.3	62.8	6.95
40	92.2	123.7	63.0	7.35
41	92.0	130.0	63.2	7.55

（续表）

周龄	存栏鸡产蛋率（%）	入舍母鸡累计产蛋数（枚）	平均蛋重（克）	累计总蛋重（千克）
42	91.6	136.3	63.4	8.15
43	91.3	142.6	63.6	8.55
44	90.9	148.8	63.8	8.95
45	90.5	155.0	64.0	9.35
46	90.1	161.2	64.2	9.74
47	89.6	167.3	64.4	10.14
48	89.0	173.4	64.6	10.53
49	88.5	179.4	64.8	10.92
50	88.0	185.4	64.9	11.31
51	87.6	191.4	65.0	11.70
52	87.0	197.3	65.1	12.08
53	86.4	203.3	65.2	12.46
54	85.8	209.0	65.3	12.84
55	85.2	214.7	65.4	13.22
56	84.6	220.4	65.5	13.59
57	84.0	226.1	65.6	13.97
58	83.4	231.7	65.7	14.33
59	82.8	237.3	65.8	14.70
60	82.2	242.8	65.9	15.06
61	81.5	248.3	66.0	15.42
62	80.8	253.7	66.1	15.78
63	80.1	259.0	66.2	16.14
64	79.4	264.3	66.3	16.49
65	78.7	269.5	66.4	16.83
66	77.9	274.4	66.5	17.18
67	77.2	279.8	66.6	17.52
68	76.5	284.9	66.7	17.86
69	75.7	289.9	66.8	18.19
70	74.8	294.9	66.9	18.52

（三）环境控制

进入产蛋期的蛋鸡对环境的要求较为严格，有时环境条件的稍微改变，都会引起产蛋量的下降，造成难以弥补的损失。对产蛋影响较大的环境条件主要有光照、温度、通风、湿度、噪音等。

1. 光照

光照对处于产蛋期的蛋鸡非常重要。如果光照时间太短，光照强度太弱，鸡得不到足够的光刺激，产蛋量低，甚至会出现停产换羽现象；相反，如果光照时间过长，超过17小时/天，光照强度太大，鸡受到强烈的光刺激，产蛋增加太快，产蛋高峰提前，同时因体内营养消耗太快而使高峰期维持时间短，另外，还会导致脱肛、啄癖发生和死亡率增高。因此，产蛋期的光照控制原则是：光照时间能增不能减，但最长每天不能超过16小时，光照强度不能减弱。从19～20周龄开始延长光照，到达产蛋高峰期（30周龄）使每天光照时间增加到14～15小时，光照强度为10勒克斯（每平方米2.5～3.5瓦，灯高2米），然后保持恒定，当产蛋率由高峰开始下降时，再逐渐延长光照，使每天的光照时间达到16小时，然后再恒定，直至淘汰。开放式鸡舍白天采用自然光，夜间人工补充光照，补充光照的方法有：晚上单独补、早上单独补、早晚分别补等多种形式，根据当地的电力供应情况选择补充光照的方法。密闭式鸡舍按照光照的要求，完全采用人工光照。控制光照时应注意：延长光照时间应逐渐增加；每天开关灯的时间要固定，不可轻易改动；开关灯时应渐亮或渐暗，若突然亮黑，易引起惊群；灯泡不宜太大，最好用25～40瓦灯泡，灯安在走道上方，并加安灯伞，间隔3～3.3米，距离地面1.7～1.9米，灯泡要保持干净，坏灯泡应及时更换。

2. 温度

蛋鸡舍不需安装加温设备，但必须安装降温设备。冬季以饮水不结冰为底线，夏季舍内温度不能超过30℃，最好控制在28℃以下。温度对蛋鸡的产蛋及蛋重、蛋壳质量和饲料转化率都有明显影响，对于成年的产蛋鸡，产蛋适宜温度为13～25℃，13～16℃产蛋率最高，15.5～22℃饲料利用率最高。因此，产蛋率和饲料报酬最高的温度为15.5～16℃。温度低于15℃饲料转化率下降，低于10℃不仅影响饲料转化率，还影响产蛋率；高于25℃蛋重减小，超过30℃则出现热应激，严重影响产蛋性能，甚至出现中暑现象。

3. 湿度

一般产蛋鸡舍的相对湿度保持在60%左右较为合适。鸡舍湿度过小的情况在笼养鸡舍并不多见，主要防止高湿。一年四季都应注意勤出粪，降低鸡粪的含水量，防止漏水；高温高湿季节要加大通风量。

4. 通风

通风不仅可以排除有害气体和减少空气中尘埃，同时对温、湿度起调节作用。因此，通风必须根据鸡舍内温度、湿度、有害气体浓度和舍外温度等因素综合考虑。通风的方法：密闭式鸡舍排风扇一般夏季全开，春秋季开一半，冬季开1/4，注意交替使用；开放式鸡舍冬季要处理好通风与保温的矛盾，通风口以高于鸡背1.0～1.5米以上为宜，在中午时，自上而下逐渐打开阳面窗户进行通风，根据舍内温度的高低来确定开窗面积的大小；一般要求鸡舍氨气的浓度不超过20毫克/千克，硫化氢不超过10毫克/千克，二氧化碳不超过0.15%。注意：排风扇与同侧窗户不能同时打开，以免形成气流短路影响通风效果。

5. 噪音

鸡生活的环境或鸡场周围噪音强度过大，会引起鸡啄癖、惊恐、炸群，严重时引起产蛋量下降、拉绿色粪便甚至死亡。要求鸡生活的环境噪音以不超过85分贝为宜。

（四）产蛋期饲养管理

1. 产蛋期各阶段的管理要点

为了便于管理，根据产蛋的变化规律和产蛋率的高低，蛋鸡的产蛋期分为产蛋前期（自开产至40周龄）、产蛋中期（40～60周龄）和产蛋后期(60周龄以后）三个阶段。

（1）产蛋前期的饲养管理：此阶段前期几周母鸡的产蛋率快速上升，其余时间都处于产蛋高峰期，而且母鸡体重应该增长，至40周龄才达到成年体重，但在实际生产中，往往会出现高峰前期的体重下降，从而影响高峰的稳定，所以建议开产前体重超标15%～20%。因此，这一阶段的饲养管理要点是：①转群后（转群具体做法参照前述），做好饲养管理的过渡。主要包括光照、饲料和环境等的过渡。②为了满足产蛋和增重的双重需要，维持较长的产蛋高峰期，需要提供高营养水平（钙的水平到3.5%）、高质量的饲料，让鸡自由采食。③该阶段应尽量减少或避免应激，使鸡少得病或不得病，不进行免疫、驱虫、转群等活动，饲料保持相对稳定，饲养管理定时、定点、定人。在产蛋高峰期受到较强的应激（如疾病、换料、抓鸡、噪音、突然改变环境条件等），产蛋率很快下降，这种下降往往是难以恢复的，从而使产蛋期缩短，总产蛋量大幅度减少。

（2）产蛋中期的饲养管理：40周龄以后，蛋鸡进入产蛋中期。这一阶段母鸡体重几乎不再增加，产蛋率缓慢下降，因此，这一时期的饲养管理要点是：①在满足营养需要的前提下，供给蛋白质含量较低的饲料，以减少饲料浪费，稍微提高钙的水平到3.75%，以保证蛋壳质量。②继续提供适宜的环境条件，使鸡少患病或不患病，减少或避免应激，尽量减缓产蛋率下降速度。不进行驱虫、转群等活动，免疫时动作要轻，饲料保持相对稳定，饲养管理定时、定点、定人。③由于产蛋率开始下降，对营养的需求量有所下降，为了保证鸡有一个较好的产蛋体况，避免因过肥而减产，对某些品种或品系，尤其是褐壳蛋系应进行适当限饲。一般采用限量法，即在原来饲料的基础上，限制给量，一般限料量为自由采食量的90%。

（3）产蛋后期的饲养管理：60周龄以后，蛋鸡进入产蛋后期。这个阶段蛋鸡的产蛋率急剧下降，蛋壳质量明显降低，蛋的破损率增加，但蛋重较大。因此，该阶段的主要饲养管理要点是：①继续提供适宜的环境条件，保持环境的稳定，使产蛋率尽量缓慢或平稳下降，提高钙的水平到4.0%，保证蛋的品质。②在淘汰的前2周增加光照到每天17~18小时，使其作最后的冲刺。当鸡没有饲养价值时，可选择时机予以淘汰；为了增加淘汰体重，淘汰前两周可适当提高饲料的能量水平。若要饲养两个产蛋期，可进行人工强制换羽。

2. 产蛋期的日常饲养管理

（1）饲喂：每天喂料3次，产蛋旺季喂4次，每次给料不能超过料槽深度的1/3，应定时均料（如采取链式喂料机喂料，应定时开动），以增强鸡的食欲。根据产蛋率和采食量，及时调整日粮营养水平（图5-41、图5-42）。

图5-41　人工喂料　　　　　　　图5-42　人工均料

饮水不能中断，要保持水质新鲜。现代规模化蛋鸡养殖，均采用机械给料，自动供水。一般情况下产蛋鸡的饮水量是采食量的2～3倍。饮水供应不足会影响鸡的采食量，饮水量过大会引起粪便过稀、鸡舍湿度加大。要求在有光照的时间内，供水系统内必须有足够的饮水，若需控制饮水，停水时间不能超过2小时。蛋鸡的饮水量见表5-10。

表5-10　产蛋鸡的日耗水量

蛋鸡舍内温度（℃）	耗水量［毫升/（只·日）］
15～21	225～245
21～27	245～345
27～33	345～600

（2）捡蛋：现代规模化蛋鸡养殖，多为机械化自动集蛋。人工捡蛋每天应捡蛋3～4次，用塑料蛋托装蛋。集蛋同时注意观察蛋的颜色、大小、形状和蛋壳质量。发现畸形蛋、软皮蛋增多，应及时查找原因（图5-43）。

（3）卫生消毒：每天按时清粪，保持鸡舍内和周围环境的清洁卫生，每天洗刷消毒水槽，料槽及其他饲喂用具要定期洗刷

图5-43　人工捡蛋

消毒。鸡舍和周围环境每周消毒一次，带鸡消毒1～2次，有疫情时增加消毒次数。饲养员每次进出鸡舍时都要消毒（图5-44、图5-45）。

图5-44　带鸡消毒　　　　　　图5-45　用火碱对鸡舍周围消毒

（4）保持良好稳定的环境：蛋鸡对环境的变化非常敏感，尤其是轻型蛋鸡。环境条件及饲养管理的稍微改变，都可能对鸡产生明显的影响，主要表现采食量降低，产蛋量突然下降，软壳蛋的比率增加，严重应激时，鸡的高度精神紧张在笼内吊死、乱撞导致内部脏器的损伤或死亡。一时的应激所引起的不良反应往往数日后才能恢复正常，甚至有的很难恢复正常，难以达到正常的产蛋高峰。因此，为了减少应激，应制定科学的管理程序，各项饲养管理操作都要定时、定点、定人，避免噪音，尽量谢绝参观，饲料变更要有一个过渡时期，防止突然变化，一般换料最少3天。

（5）观察鸡群：观察鸡群是一项细致的工作，饲养员每天早晨开灯后，观察鸡群的精神状态和粪便是否正常，若发现病鸡和异常鸡应及时隔离检查；喂料时观察鸡的精神状态、采食和饮水情况，检查水槽是否漏水，乳头式饮水器是否出水；中午应仔细观察有无啄癖的鸡；夜间听听鸡舍内有无呼吸道发出的异常声音；若发现病鸡立即拿出，送兽医检查化验。随时察看温、湿度是否适宜，空气是否新鲜。

（6）做好记录：准确而完整的生产记录可反映鸡群的生产动态和日常饲养管理水平，它是考核经营管理效果的重要依据。应当记录的最主要的包括产蛋量、产蛋率、蛋重、耗料、体重、鸡只死亡淘汰数、舍温、免疫等。将记录结果与标准进行比较，遇到不正常时，及时查明原因，采取措施，改善饲养管理条件。

3. 产蛋鸡的四季管理要点

在我国大部分地区春夏秋冬四季分明，而蛋鸡产蛋需要一个相对稳定的环境，为了达到这一目的，尤其是开放式鸡舍，在不同季节，应采取不同的管理措施。

（1）春季：春季气温开始回升，日照时间逐渐延长，是产蛋较为适宜的时期，但各种微生物也开始大量繁殖，因此，要注意日粮的营养水平，满足产蛋的需要。增加捡蛋的次数，减少破蛋。对鸡舍内外进行彻底消毒，以减少微生物的繁殖；搞好疫病预防工作，减少疾病的发生。逐渐增加通风量，由于春季温度变化较大，在通风换气同时还要注意保温。搞好鸡舍周围的绿化工作。此外，春季不产蛋的鸡大都是病鸡，应及时淘汰。

（2）夏季：夏季气候炎热。鸡的体温比其他哺乳动物高（41～42℃），又身覆羽毛，且无汗腺，对高温的适应能力较差。当温度过高时，鸡的采食量降低，饮水量增大，通过加大呼吸量蒸发散热，加之因呼吸消耗过多的营养，使产蛋量下降，蛋的品质降低，软壳蛋增加。当严重高温时（40℃以上），因体热不能及时散出而使鸡的体温升高，如不及时降温，就会引起死亡（若伴随着高湿危险性就更大）。因此，夏季主要任务是防暑降温。主要采取以下措施：加大通风量，有条件的鸡场还可减小密度；当舍温到达30℃以上时，可在进风口搭水帘、屋顶浇水或直接在鸡体喷水，尽量将舍温控制在30℃以下；保证充足的清凉饮水，适当添加维生素C、蛋氨酸、碳酸氢钠等，提高鸡群的抗热应激能力；刷白鸡舍四周墙壁，增设顶棚，注意在鸡舍周围绿化，以减少太阳热辐射；调整日粮浓度，适当增加日粮的蛋白质和钙的含量，提高蛋白质品质；最好在早晨较凉爽时补充光照，同时喂料以增加鸡的采食量。

（3）秋季：秋季天气渐凉，日照渐短，但早秋较闷热，雨水较多，鸡易患呼吸道病（如传染性支气管炎、支原体病等）和鸡痘。因此，早秋时，白天加大通风量，以解除闷热和排除多余的湿气；注意收看天气预报，在饲料或饮水中添加抗热应激的添加剂以缓解高温高湿对鸡的影响；尽量减少或避免应激因素，防止产蛋量的急剧下降；防止蚊、蝇叮咬，减少疾病发生的机会。晚秋时昼夜温差大，注意调节通风量；根据要求人工补充光照。对于上年春天育雏的蛋鸡，若要饲养两个产蛋期，此时正是脱毛换羽的时期，可进行人工强制换羽。

（4）冬季：冬季气温低，光照时间短。因此，冬季管理重点是：防寒保温，舍温保持在5～8℃以上；补充光照，使光照时间达到要求。具体做法是关紧门窗，窗外加一层塑料布，门口设棉门帘，以防贼风；在保证空气比较新鲜的前提下，减小通风量；适当增加日粮能量水平；自然光照不足的部分用人工光照补足。蛋鸡的耐寒能力较耐热能力强，在我国绝大部分地区冬季只要适当增加密度，减少通风量，蛋鸡便能通过自身调节维持正常体温和产蛋。

四、父母代种鸡饲养管理

父母代种鸡的饲养管理要点是满足种鸡不同生长阶段的营养需要，创造适宜的饲养环境，充分发挥种鸡的生产性能，提高种蛋利用率，提供高质量的商品雏鸡。父母代种鸡在育雏期、育成期及产蛋期的环境控制与商品蛋鸡基本相同。

（一）种鸡营养需求

同一品种种鸡的营养需求往往高于商品蛋鸡，为满足种鸡生长和产蛋的需求，种鸡饲料的配制必须严格按照营养标准执行。表5-11是海兰蛋鸡父母代生长期营养需要建议量。表5-12是农大3号父母代鸡生长期的体重和采食量参考标准。表5-13是海兰父母代产蛋期母鸡每日最低营养需要量。

表5-11　海兰蛋鸡父母代生长期营养需要建议量

营养指标	单位	0～6周龄	6～8周龄	8～15周龄	15～18周龄	19周龄至产蛋50%
海兰 W-36	期末体重（g）	400	570	1070	1230	—
海兰 W-98	期末体重（g）	430	590	1090	1240	—
海兰褐蛋鸡	期末体重（g）	480	680	1310	1510	—
蛋白质	%	20	18	16	15.5	17.5
代谢能	兆焦/千克	12～12.7	12～12.9	12～13.1	12～12.9	12～12.4
精氨酸	%	1.20	1.10	0.95	0.90	1.15
赖氨酸	%	1.10	0.90	0.75	0.70	0.92

（续表）

营养指标	单位	0～6周龄	6～8周龄	8～15周龄	15～18周龄	19周龄至产蛋50%
蛋氨酸	%	0.46	0.44	0.40	0.36	0.51
蛋氨酸＋胱氨酸	%	0.82	0.73	0.66	0.60	0.82
色氨酸	%	0.22	0.20	0.16	0.15	0.17
苏氨酸	%	0.75	0.70	0.60	0.55	0.68
钙	%	1.00	1.00	1.00	2.75	3.75
总磷	%	0.75	0.72	0.70	0.60	0.65
有效磷	%	0.45	0.45	0.40	0.40	0.46
钠	%	0.18	0.18	0.17	0.16	0.20
氯	%	0.16	0.16	0.15	0.16	0.20
钾	%	0.50	0.50	0.50	0.50	0.60

表5-12　农大3号父母代鸡生长期的体重和采食量参考标准

周龄	粉壳母鸡		褐壳母鸡		公鸡	
	日采食量	体重（克）	日采食量	体重（克）	日采食量	体重（克）
1	16	60	16	65	16	70
2	18	110	24	130	25	145
3	24	170	29	200	30	235
4	28	240	36	290	36	335
5	34	330	41	390	41	435
6	38	420	46	500	45	535
7	44	500	52	600	50	630
8	50	580	58	700	56	725
9	54	660	64	800	61	820
10	56	750	68	900	66	915
11	58	860	70	1000	70	1020
12	59	950	74	1100	74	1120
13	60	1040	79	1190	77	1220
14	62	1120	81	1280	80	1320

周龄	粉壳母鸡		褐壳母鸡		公鸡	
	日采食量	体重（克）	日采食量	体重（克）	日采食量	体重（克）
15	64	1200	84	1370	83	1420
16	65	1280	89	1460	87	1510
17	66	1350	90	1550	90	1600
18	68	1410	95	1610	94	1680
19	72	1460	98	1670	98	1750
20	75	1500	102	1730	102	1800

表5-13　海兰父母代产蛋期母鸡每日最低营养需要量

营养指标	单位	产蛋50%~32周龄	32~44周龄	44~55周龄	55周龄至淘汰
		父母代海兰 W-36			
蛋白质	克/只	16.0	15.75	15.5	15.25
蛋氨酸	毫克/只	440	420	380	364
蛋氨酸+胱氨酸	毫克/只	720	890	620	600
赖氨酸	毫克/只	830	800	770	740
色氨酸	毫克/只	180	180	170	165
钙	克/只	3.65	3.80	4.00	4.20
总磷	克/只	0.67	0.65	0.55	0.48
有效磷	克/只	0.45	0.42	0.40	0.32
钠	毫克/只	175	175	175	175
氯	毫克/只	165	165	165	165
		父母代海兰 W-98			
蛋白质	克/只	16.5	16.0	15.5	15.0
蛋氨酸	毫克/只	400	376	350	327
蛋氨酸+胱氨酸	毫克/只	660	620	580	540
赖氨酸	毫克/只	900	860	800	785
色氨酸	毫克/只	190	175	165	160
钙	克/只	4.00	4.25	4.40	4.50
总磷	克/只	0.78	0.70	0.62	0.54
有效磷	克/只	0.50	0.45	0.40	0.35

（续表）

		产蛋 50%~32 周龄	32~44 周龄	44~55 周龄	55 周龄至淘汰
钠	毫克/只	170	170	170	170
氯	毫克/只	160	160	160	155
		父母代海兰褐			
蛋白质	克/只	18.0	17.75	17.0	16.0
蛋氨酸	毫克/只	460	440	400	380
蛋氨酸+胱氨酸	毫克/只	760	726	660	627
赖氨酸	毫克/只	925	900	860	820
色氨酸	毫克/只	190	185	175	160
钙	克/只	4.00	4.10	4.25	4.40
总磷	克/只	0.72	0.64	0.61	0.54
有效磷	克/只	0.45	0.40	0.38	0.34
钠	毫克/只	180	180	180	180
氯	毫克/只	170	170	170	160

（二）蛋重管理

蛋重大小很大程度上取决于遗传因素，但也可以通过控制开产日龄、开产体重及饲料的营养摄入量来满足市场的特殊需求。开产日龄越晚、开产体重越大，鸡以后产的蛋就越大。可以通过控制光照来控制鸡的性成熟时间，一般应在18周龄后，体重达标或超标时再进行光照刺激。这样就可以在开产后的很短时间内开始采集种蛋。蛋的大小很大程度上受摄入蛋白量的影响，特别是蛋氨酸和胱氨酸总量、能量、总脂肪量和必需脂肪酸（如亚麻油酸等），这些营养物质水平可以加大早期的蛋重，但对后期蛋重的控制力逐渐减小。

（三）种鸡管理

1. 及时淘汰有缺陷个体及性别鉴定错误的个体

父母代种鸡父系公鸡在出雏时必须做剪冠处理，母系母鸡保留全冠。种鸡群在日常管理更为严格，及时淘汰有缺陷的个体和体重极轻的个体，及时剔除性别鉴定错误的个体，种鸡群中不得留有全冠的公鸡和剪冠的母鸡，以确保商品代雏鸡性别鉴定的准确性和今后的生产性能。

2. 公母分群饲养

父母代在引进时公母鸡的配比一般为1：8～1：10，公鸡饲养的成功与否，直接关系到整批种鸡的成败。种公鸡从育雏期开始就应分群饲养，重点管理。采用人工授精的笼养种鸡舍，种公鸡笼位与种母鸡笼位的配比为1：30～1：50。成年种公鸡笼高63.5厘米，最好单鸡单笼，最多两只公鸡一个笼，避免打斗造成伤害。公母鸡笼中间应有隔离，以避免母鸡的光照影响公鸡，公鸡一直采用育成期的恒定光照制度，8～10小时/天。种公鸡的饲料应单独配制，不能喂给产蛋期母鸡的高钙饲料，否则会引起种公鸡尿酸盐沉积及痛风。

3. 人工授精技术

人工授精常用的器械是集精杯和滴管，滴管最好配以比较硬的橡胶头，以便准确把握输精量。现在也有人使用禽用输精枪（图5-46、图5-47）。

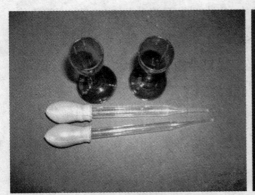
图5-46　集精杯和滴管

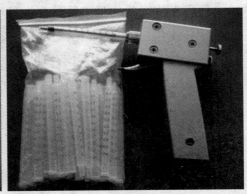
图5-47　禽用输精枪

种公鸡在输精前2周就要进行采精训练，采精人员要固定，采精、输精的时间应在每天下午15：30、大部分母鸡产蛋结束后进行。公鸡采精前停水停料3～4小时，以减少粪尿对精液的污染。种公鸡一般1天采精1次，采精3天休息1天，母鸡间隔4天输精1次，首次输精应连输2天，第3天下午开始收集种蛋。为确保最高的受精率，从采第一只公鸡的精液到输完最后一只母鸡，最好掌握在20分钟内，不要超过30分钟。每只母鸡每次输精0.025毫升左右。如果精液不够用，可用生理盐水、5%葡萄糖液或消毒脱脂牛奶等对精液直接进行稀释，进行精液稀释时，稀释液温度与精液温度要相等（38℃左右），稀释后的精液每只母鸡每次的输精量不变。

（四）种蛋管理

雏鸡的体重与入孵种蛋的大小直接相关，一般要求新开产鸡的蛋重达到50克以上才能入孵。现在的养殖规模越来越大，一个父母代场不可能只养一批种鸡，为使商品鸡能均匀生长，不同批次父母代种鸡的种蛋应分别保存，分批孵化。种蛋一天应收集2次以上，夏天种蛋库的温度为18.3℃，相对湿度70%～80%，每次入库的种蛋必须消毒。种蛋保存3～7天孵化效果最为理想，如果种蛋必须保存10天以上，种蛋库的温度应降至13℃。

（五）孵化与雌雄鉴别

种蛋库温度较孵化室低，入孵前6小时，应将种蛋转到孵化室预热，推入孵化器前、后再次进行消毒处理。鸡的孵化时间为21天，种蛋保存时间越长，需要的孵化时间越长，保存10天以上，每多保存1天孵化时间增加1小时。

我国当前饲养的蛋鸡品种多为雌雄自别。白羽鸡为羽速自别：商品代母雏为快羽（主翼羽明显比覆主翼羽长），公雏为慢羽（主翼羽和覆主翼羽一样长，或覆主翼羽比主翼羽长）。以羽色自别的鸡商品代公雏一般为纯白色，头部和颈部有红色，个别头部有红点，母雏一般为浅褐色、褐色等，个别母雏头部为白色，也有的母雏躯体颜色较浅而在嘴及眼眶周围聚集有红色。以上两种鉴别方法的误差率为1%～2%。

五、常用基本免疫方法

蛋用型鸡的饲养周期较长，所需疫苗的种类及免疫次数多，可根据种鸡场提供的免疫程序，结合本场实际情况，选择适合的疫苗和相应的免疫方法。常用基本免疫器械有连续注射器、刺痘针、点滴瓶和喷壶等（图5-48至图5-50）。

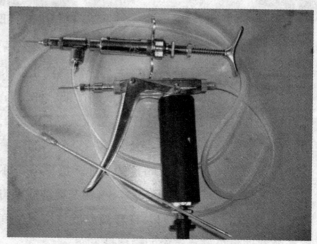

图5-48　连续注射器

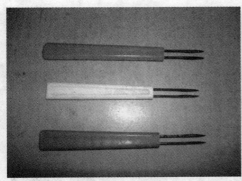

图5-49　刺痘针

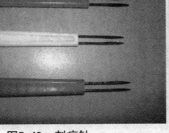

图5-50　点滴瓶

　　常用基本免疫方法有点眼、滴嘴、滴鼻、饮水、喷雾、皮下注射、肌肉注射及刺痘。根据饲养方式、疫苗种类等不同，选择相应的免疫方法。法氏囊疫苗的最佳免疫方法是滴嘴；饮水免疫根据季节、舍内温度一般控水2小时以上（70%~80%的鸡要求饮水）；皮下注射在颈部或两翅之间；肌肉注射在胸部或大腿外侧，一次注射油苗的量在0.5毫升以上时，最好在胸部两侧皮下分两点注射；刺痘在翅膀翻展后缺毛的三角区（图5-51至图5-60）。

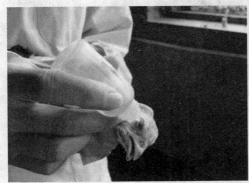

图5-51　点眼

图5-52　滴嘴

图5-53　滴鼻

图5-54　饮水免疫

图5-55 喷雾免疫

图5-56 颈部皮下注射

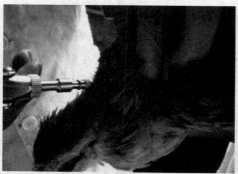

图5-57 双翅间皮下注射

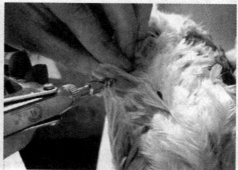

图5-58 胸部肌肉注射

图5-59 大腿外侧肌肉注射

图5-60 刺痘

第六章　新技术、新概念介绍

一、无公害蛋鸡生产的含义

无公害蛋鸡生产是以保护人类健康、生产安全放心的无公害鸡蛋为目的的生产经营活动。无公害蛋鸡生产是新理论、新技术、新材料、新方法和新管理理念在蛋鸡养殖业上的高度集成，最终追求经济、生态、社会三大效益高度统一。无公害鸡蛋是指生产环境、生产过程和产品质量符合农业部的相关标准，经认证合格后，获得认证证书并允许使用无公害农产品标志的鸡蛋。近几年的市场经验得出，认证后的无公害鸡蛋有很好的品牌效益。无公害蛋鸡生产及无公害鸡蛋的相关标准可参照本书后的附录一、附录二。

二、林下养殖

林下养殖是近几年根据市场需求，新兴的一种养殖方式。林下养殖是利用农区的防护林地面空间进行蛋鸡放养（图6-1）。这种养殖方式一般是3月份进鸡，经过育雏阶段，等鸡长到500克左右时，在气候适宜的条件下进行放养。母鸡利用10个月左右产"土鸡蛋"，春节前所有鸡作为优质鸡全部高价售出。林下养殖要在林间搭建鸡舍，使鸡晚上能回窝，避免兽害；雨雪天可以在舍内饲喂；产蛋窝也要建在鸡舍内，产蛋期晚上需要补光照。鸡舍搭建要结实，预防雨雪天、大风天导致鸡舍倒塌，造成不必要的损失。为方便鸡饮水，林间应分布一些饮水器或自动饮水乳头。作者建议，最好在林下养殖的前一年，在防护林下混播苜蓿、白麦根或白三叶牧草，第二年等这些牧草长到10厘米以上再进行放牧饲养。林下养殖既利用了林下的地面空间，

图6-1　放养前的育雏

又为防护林施了粪，同时还可减少防护林的病虫害。为了便于管理，林下养殖群体不宜过大，以300～500只为宜，同一片林地可以分成不同的小区分群放养（图6-2、图6-3）。

图6-2　林间鸡舍　　　　　　　　　　图6-3　林间养殖

三、山坡放养

山坡放养是近几年兴起的新的健康养殖模式。在不影响山坡水土保持的前提下，可以利用山坡空地进行蛋鸡放养。进行蛋鸡放养的山坡坡度不能太大，且有丰富的植被。山坡放养育雏、鸡舍搭建、划区分群放养等，与林下养殖相似（图6-4至图6-6）。

图6-4　山坡鸡舍

图6-5　山坡放养A　　　　　　　　　图6-6　山坡放养B

四、院落散养

近几年政府为了改善人们的生存条件，将许多不太偏僻、小村庄的居民，集中搬迁到了城镇，留下很多空村落，周围的土地也被闲置。有的人利用这些空村落和闲置土地，搞起了健康养殖及休闲度假游（图6-7至图6-9）。

图6-7　空村落的鸡场

图6-8　院内补饲

图6-9　院外放养

五、"土鸡"开发前景及饲养技术

"土鸡"泛指我国众多的原始优良地方鸡种及配套系。近年来，国内外由于禽流感的影响，禽产品的消费量严重下降，整个蛋鸡行业受到严重影响，但是，随着人们生活水平的提高，总想吃的精一点，好一点，安全一点，人们呼唤绿色的鸡和蛋。于是许多人就应和市场需求，搞起了林下养殖、山坡放养和庭院散养等健康养殖方式，对"土鸡"进行规模化饲养。以下就绿壳蛋鸡林下放牧饲养的关键技术进行阐述，仅供参考。

（一）绿壳蛋鸡的形成

我国优良地方鸡品种很多，曾为世界鸡育种业作出了重大贡献，因为这些地方鸡种蕴藏着许多优秀的基因，绿壳蛋就是其中一种非常宝贵的基因资源。如今的绿壳蛋鸡分为两种，一种源自我国江西、湖南、四川深山老林散养绿壳蛋鸡和黑羽乌骨鸡杂交的后代，经几个世代选育，培育出的五黑绿壳蛋鸡，另一种则是绿壳蛋鸡与现代高产商品蛋鸡杂交选育而成。

（二）绿壳鸡蛋的营养价值

绿壳鸡蛋与所有"土鸡蛋"一样，因产蛋率低，营养价值要高于普通鸡蛋，尤其是口感，更适合中国人食用。绿壳鸡蛋含蛋白质12.9%，普通鸡蛋10%~11.8%；高密度脂蛋白是正常鸡蛋的2.3倍，低密度脂蛋白是正常鸡蛋的1/3，也就是浓蛋白含量高。绿壳鸡蛋能量为6.94兆焦/千克，比白壳或褐壳鸡蛋高9%，比粉壳鸡蛋高8%。维生素尤其是维生素A、维生素B、维生素E的含量比普通鸡蛋高。微量元素特别是锌、硒、碘的含量是普通鸡蛋的3~5倍，硒的含量每千克1.58毫克，是普通鸡蛋的5倍。卵磷脂的含量是普通鸡蛋的5倍，因此吃起来更香。胆固醇的含量很低，约为5.67毫克/千克。绿壳鸡蛋是极为理想的保健食品。

（三）绿壳鸡蛋的保健价值

据实验研究，儿童每天食用一枚绿壳鸡蛋，有助于体重和体高增加，食欲改善，血清中的锌含量升高，抵抗力增强，记忆力提高。中老年人食用绿壳鸡蛋，可预防和缓解头昏、头晕、失眠，能改善血糖、血压，对心血管病人有辅助治疗作用。

（四）绿壳鸡蛋的开发前景

随着人们生活水平的提高，人们对食物的要求开始从数量型向质量型转变，对禽产品的安全意识和保健意识越来越强，崇尚绿色，回归自然。近年来普通鸡蛋消费量已趋向稳定甚至下降，"土鸡蛋"特别是绿壳鸡蛋深受广大消费者的青睐。"土鸡蛋"因在蛋壳颜色上很难与普通鸡蛋区别，很容易掺假，而绿壳鸡蛋是一种特色鸡蛋，绿壳很难掺假，据某些单位的测定营养价值确实比普通鸡蛋高，并具有保健作用，当前市场需求量较大，所以，饲养绿壳蛋鸡具有十分广阔的开发前景。

（五）绿壳蛋鸡场的选择及鸡舍建筑设计

1. 场址的选择

绿壳蛋鸡与众多原始地方鸡种有着共同的特点，适合于放牧饲养，所以可选择空闲的林地、山坡及空置的院落，进行散养。林下及山坡的树叶、杂草或昆虫，对绿壳蛋鸡的饲养非常有益。选择空闲的林地、山坡和空院落建场，应注意地面要有利于排水，最好是沙土地为好，因为沙土地雨水可以向下渗透。交通要方便，有利于鸡蛋的运出和饲料的运入，同时要远离其他的养殖场、屠宰厂，远离重工业区、化工厂及已被污染的河渠等，远离村庄和居民区。

2. 鸡舍建筑设计

从防疫的角度进行区域的划分，人和鸡不能同住，以防相互交叉感染。树林间和山坡上的鸡舍间距要大，最少在80～100米，每亩放养80～100只，10亩林地或山坡可以放养800～1000只。鸡舍的建筑面积，一般每栋鸡舍面积在130～140平方米，长25～30米，宽5米左右，舍内地面必须硬化。鸡舍前还应有3～5米的地面硬化，以便补饲料。鸡舍的高度一般在2米左右，墙面用砖砌，屋顶可用彩钢瓦、塑料大棚等。舍内要放栖架，有利于鸡夜间在栖架上休息，在鸡舍内周围放置产蛋箱，平均每5只鸡一个产蛋窝，在鸡舍前硬化地面上放置料槽，平均每只鸡的采食位置10～12厘米；饮水器及自动饮水系统，要分布于林下、山坡及鸡舍前料槽周围，平均每只鸡的饮水位置5厘米。

（六）绿壳蛋鸡的饲养管理技术

1. 做好育雏前的准备工作

首先将鸡舍冲刷干净，地面可以用2%～3%的火碱喷雾消毒，舍内可采用高锰酸钾与福尔马林熏蒸消毒，最好每立方米用高锰酸钾21克、福尔马林（含40%甲醛）42毫升进行熏蒸；同时也要用季铵盐类消毒液进行喷洒消毒；进鸡前3～5天，把育雏饲料、疫苗、消毒药、常用药品、电解多维等准备好，进鸡前2天升火试温，要求舍内温度达到36℃以上。

2. 购进雏鸡

选什么品种、养多大规模，要根据市场需求、鸡舍条件及放养场地而定。雏鸡的质量是养好鸡的首要条件，要选择品种特征明显，雏鸡健壮、叫声洪亮、眼大有神、羽毛丰满、脐部收缩良好的雏鸡进行饲养。

3. 把好温度关

舍内温度的高低与温度掌握的好坏，关系到育雏的成败，因此，必须掌握好温度，育雏温度可参照蛋鸡育雏温度。育雏舍加温方式与蛋鸡育雏舍大同小异。第一天白天舍内的温度要保持34℃左右，特别是夜间温度要稍高而均衡，白天夜间温度差不能超过2~3℃，舍内温度的高低主要看鸡的活动状态，只要鸡活动自由，分布均匀，说明温度适宜，鸡远离热源说明温度过高，靠近热源说明温度偏低，时时掌握，看鸡施温。育雏结束后，舍内温度可以维持在18~21℃，看外界气温进行适时放养。

4. 初饮水

雏鸡到达后，由于运输过程易于缺水，首要任务先给小鸡饮水，有利于补充水分，也有利于胎粪的排出，饮水的温度一般在35℃左右，最好饮用凉开水，刺激消化道有利于采食，饮水中可以加电解多维及3%~5%葡萄糖，要求水质清洁卫生。育雏期内饮水器每天定期清洗消毒，要求有光照时饮水不断。

5. 开食

开食及喂料，在饮水2小时后再开食。刚出壳的小鸡腹内的卵黄能提供1~2天的营养，所以不要延误这个时间，从出壳到喂料的时间越短越好，开始喂料时，把饲料撒在铺在地面上的塑料薄膜上或开食盘里，让鸡自由采食，3~4天后把饲料加在料槽内，喂料的次数，1~7天每天喂6次，8~21天每天喂5次，22~42天每天喂4次，43天后如有条件可以放养，根据放养区域内可采食植物的具体情况，每天补饲2~3次，补饲时间要固定，形成鸡群良好的放归习惯。

6. 科学配制饲料

要根据品种要求的饲养标准，合理配制不同阶段全价饲料。有些饲养户错误地认为，土鸡就应该喂原粮，从而造成鸡群多种营养元素缺乏，导致鸡只生长缓慢、免疫力低下、产蛋性能不能充分发挥。根据绿壳蛋鸡的特点，从4周龄以后开始加青饲料，青饲料的量从每天饲料喂料总量的10%逐步增加到20%~30%，青饲料种类很多，如各种菜叶及新鲜牧草，以嫩苜蓿为最佳。为避免浪费，建议切碎再喂。

7. 湿度和光照

湿度和光照时间、光照强度可参照蛋鸡各阶段的标准，产蛋前期的增加光照要比蛋鸡晚一个月左右，具体增加光照的时间要根据品种要求、体重情况、性成熟时间等而定。产蛋期的光照时间为15~16小时。

8. 保持舍内及饲喂区的清洁卫生

舍内及饲喂区要每天清扫干净，定期消毒，特别是舍内要定期带鸡消毒，每天或隔天消毒一次，并要保持消毒的有效性，不同成分的消毒药要交替使用，目的是杀灭致病微生物，减少病菌、病毒对鸡只的侵袭。

9. 制订科学的免疫程序

根据当地疫病流行情况和本场具体疫情制定免疫程序。免疫程序中必须有国家强制规定免疫的疫苗种类，如新城疫和禽流感。有些饲养户错误地认为，可利用"土鸡"耐粗饲、抗病力强的特性，少免疫、甚至不免疫，从而造成重大损失。

10. 定期分群

"土鸡"一般不进行雌雄鉴别，公鸡生长速度快，4周龄后应将公母分群饲养。饲养密度的大小直接关系鸡群体重的均匀度，要合理掌握饲养密度。"土鸡"的地面育雏饲养密度见表6-1。

表6-1	"土鸡"育雏期饲养密度				（只/平方米）	
日龄	1~7	8~14	15~21	22~28	29~35	36~42
饲养密度	35~40	28~30	22~25	18~20	15~20	12~15

脱温以后，可根据外界气温情况进行放养，放养饲养密度主要看地面杂草、种植牧草的资源条件。公母鸡要分群放养，母鸡群中可按1:10~1:12的比例放少量公鸡。

11. 调整饲养，掌握好体重

公鸡做肉用，当然是长得越快越好，如果生长速度低于标准，要及时调高饲料养分含量和喂料量。绿壳蛋鸡作为蛋用鸡，体重过高过低对产蛋都不利，要求绿壳蛋鸡的体重达相应品种的体重要求，这样才有利于生产性能的发挥。绿壳蛋鸡，当体重过低时，适当提高饲料营养水平，减少青饲料和粗饲料的供给，直至达到标准体重。当体重过高时，降低饲料的营养成分，适当增加青绿饲料的供给，直至达到标准体重。

12. 断喙

绿壳蛋鸡的特点是相互啄羽比较严重，在雏鸡4~5日龄时开始啄羽，为防止恶癖的发生，雏鸡在3日龄开始断喙，要求断喙上短下长，上喙断去

1/2，下喙断去1/3。在断喙后饮水中加电解多维或维生素K_3，以防止应激和出血，第二次断喙时间在120日龄进行，此时主要修喙，断喙的目的不仅为了防止啄羽，也可防止饲料浪费。放养的"土鸡"能不断喙就不断喙，一是为了卖相，二是为了方便啄食林下、山坡的牧草。

13. 掌握好喂料，确保高峰期产蛋

产蛋期下午3点、晚上7点各喂料一次，要求喂料速度快、料的厚度均匀。一般每只鸡每天喂给100克左右的饲料，具体的喂料量，主要根据鸡的产蛋率、气温及放牧区的饲草情况等而定。在产蛋率上升期，喂料量的多少掌握，是看第二天早晨料槽的情况，料槽底部有薄薄一层料，说明喂料量正好，如果料槽底部非常干净，说明喂料量不足；产蛋高峰过后，第二天早晨料槽底部的料以基本吃光为好。

14. 饮水

要保证鸡在放牧区、鸡舍内及喂料区，随时能喝到清洁的饮水。最好采用乳头饮水，若采用饮水器、水盆等开放式饮水设备，一定要每天清洗消毒。

15. 保持良好的舍内环境

放牧饲养，夏天鸡主要在舍外树林下或山坡上活动，舍内通风不十分重要，而在冬季尤其是冬天下雪或非常寒冷不能放牧时，就在舍内饲养，若通风不良，舍内氨气过大，就会影响鸡的健康甚至发病，因此，就要进行适当的通风，早上开启窗户，根据外界的气温掌握开窗户多少，若鸡舍的跨度超过8米，靠开窗户空气不能完全对流，可以安装风机定期适当开启。冬季还要防止舍内结冰，影响鸡的饮水，冬季舍内温度不能低于0℃。夏季雨水或暴风雨经常发生，运动场或林地里最好搭建遮雨棚，当暴风雨来临时，饲养员及时呼唤鸡回舍或到遮雨棚下。另外，每天定期清扫舍内地面和运动场，保持清洁卫生。

16. 信号训练

给鸡群建立信号，当喂料时给鸡一个信号（用吹口哨、敲食盆、放音乐等方式），最好从育成期放养初期开始信号训练。

17. 定期拣蛋

每天拣蛋4～5次，勤拣蛋可减少蛋的污染和破蛋率。特别要注意林下、山坡的草窝或树根的窝外蛋，及时拣起，防止雨淋和阳光的暴晒，否则会降低鸡蛋品质。放牧饲养，每4~5只鸡一个产蛋箱或产蛋窝，产蛋箱的尺寸为宽30厘米、高40厘米、深40厘米，用砖砌或木制。可以是双层或多层，安放在舍内四周墙角下。

18. 保持蛋品质量

饲料中的钙磷比例要合适，含钙量3.2%~3.5%，含磷量在0.35%~0.4%；定期添加维生素AD₃粉，保持蛋壳的厚度和光滑度；冬天注意蛋库的保温，温度在0℃左右，夏天最好安装空调，温度不能高于20℃，温度也不能太低，掌握适宜温度，使鸡蛋拿出蛋库不出汗，鸡蛋出汗后易被微生物污染，鸡蛋的保存期缩短、品质降低。

19. 提高鸡蛋的风味

许多饲养户在饲料中加入黄粉虫、蝇蛆、辣椒粉、松针粉及花椒籽，不仅提高了鸡蛋的风味，而且蛋黄颜色更加金黄，蛋白浓稠度也相应增加。花椒籽用于饲料中，不仅补充部分能量（花椒籽的含油量15%，是玉米含油量4%~5%的3倍），还可提高产蛋率，对增强体质和抗病力具有明显作用（图6-10、图6-11）。

图6-10　黄粉虫

图6-11　蝇蛆培养

20. 做好污物处理

鸡舍内每天清扫出来的粪便和死鸡要及时处理，防止鸡粪污染放养环境。死鸡要烧掉或远距离深埋。

附录一　无公害食品　蛋鸡饲养管理准则

本标准由中华人民共和国农业部提出。

本标准起草单位：中国农业大学动物科技学院、国家家禽测定中心。

本标准主要起草人：宁中华、计成、杨宁、徐桂云。

1 范围

本标准规定了生产无公害鸡蛋过程中引种、环境、饲料、用药、消毒、鸡蛋收集、废弃物处理各环节的控制。

本标准适用于商品代蛋鸡场，种鸡场出售商品鸡蛋可参照本标准执行。

2 规范性引用文件

下列文件中的条款通过本标准的引用而成为本标准的条款。凡是注日期的引用文件，其随后所有的修改单（不包括勘误的内容）或修订版均不适用于本标准。

GB 2748 蛋卫生标准

GB 16548 畜禽病害肉尸及其产品无害化处理规程

SB / T 10277 鲜鸡蛋

NY / T 388 畜禽场环境质量标准

NY 5027 无公害食品　畜禽饮用水水质

NY 5040 无公害食品　蛋鸡饲养兽药使用准则

NY 5041 无公害食品　蛋鸡饲养兽医防疫准则

NY 5042 无公害食品　蛋鸡饲养饲料使用准则

3 术语

下列术语和定义适用于本标准：

3.1 无精蛋　没有受精的种蛋。

3.2 死精蛋　在孵化初期胚胎死亡的种蛋。

3.3 净道　运送饲料、鸡蛋和人员进出的道路。

3.4 污道　粪便、淘汰鸡出场的道路。

3.5 鸡场废弃物　主要包括鸡粪（尿）、死鸡和孵化厂废弃物（蛋壳、死胚等）。

3.6 全进全出制　同一鸡舍或同一鸡场只饲养同一批次的鸡，同时进场、同时出场的管理制度。

4 引种

4.1 商品代雏鸡应来自通过有关部门验收的父母代种鸡场或专业孵化厂。

4.2 雏鸡不能带鸡白痢、禽白血病和霉形体病等蛋传疾病，要严格控制。

4.3 不得从疫区购买雏鸡。

5 鸡场环境与工艺

5.1 鸡场环境

鸡场周围环境、空气质量除符合 NY/T 388 外，还应符合以下条件：

a) 鸡场周围 3 千米内无大型化工厂、矿厂或其他畜牧场等污染源；

b) 鸡场距离干线公路 1 千米以上。鸡场距离村、镇居民点至少 1 千米以上；

c) 鸡场不得建在饮用水源、食品厂上游。

5.2 禽舍环境

5.2.1 鸡舍内的温度、湿度环境应满足鸡不同阶段的需求，以降低鸡群发生疾病的机会。

5.2.2 鸡舍内空气中有毒有害气体含量应符合 NY/T 388 的要求。

5.2.3 鸡舍内空气中灰尘控制在 4 毫克/立方米以下，微生物数量应控制在 25 万/立方米以下。

5.3 工艺布局

5.3.1 鸡场净道和污道要分开。

5.3.2 鸡场周围要设绿化隔离带。

5.3.3 全进全出制度，至少每栋鸡舍饲养同一日龄的同一批鸡。

5.3.4 鸡场生产区、生活区分开，雏鸡、成年鸡分开饲养。

5.3.5 鸡舍应有防鸟设施。

5.3.6 鸡舍地面和墙壁应便于清洗，并能耐酸、碱等消毒药液清洗消毒。

6 饲养条件

6.1 饮水

6.1.1 水质符合 NY 5027 的要求。

6.1.2 经常清洗消毒饮水设备，避免细菌孳生。

6.2 饲料和饲料添加剂

6.2.1 使用符合无公害标准的全价饲料，建议参考使用饲养品种饲养手册提供的营养标准。

6.2.2 额外添加预防应激的维生素添加剂、矿物质添加剂应符合 NY 5042 的要求。

6.2.3 不应在饲料中额外添加增色剂，如砷制剂、铬制剂、蛋黄增色剂、铜制剂、活菌制剂、免疫因子等。

6.2.4 不应使用霉败、变质、生虫或被污染的饲料。

6.3 兽药使用

6.3.1 雏鸡、育成鸡前期为预防和治疗疾病使用的药物，应符合 NY 5040 的要求。

6.3.2 育成鸡后期（产蛋前）停止用药，停药时间取决于所用药物，但应保证产蛋开始时药物残留量符合要求。

6.3.3 产蛋阶段正常情况下禁止使用任何药物，包括中草药和抗菌素。

6.3.4 产蛋阶段发生疾病应用药治疗时，从用药开始到用药结束后一段时间内（取决于所用药物，执行无公害食品蛋鸡饲养用药规范）产的鸡蛋不得作为食品蛋出售。

6.4 免疫

鸡群的免疫要符合 NY 5041 的要求。

7 卫生消毒

7.1 消毒剂

消毒剂要选择对人和鸡安全、对设备没有破坏性、没有残留毒性、消毒剂的任一成分都不会在肉或蛋里产生有害积累的消毒剂。所用药物要符合 NY 5040 的规定。

7.2 消毒制度

7.2.1 环境消毒

鸡舍周围环境每 2～3 周用 2% 火碱液消毒或撒生石灰 1 次；场周围及场内污水池、排粪坑、下水道出口，每 1～2 个月用漂白粉消毒 1 次。在大门口设消毒池，使用 2% 火碱或煤酚皂溶液。

7.2.2 人员消毒

工作人员进入生产区要经过洗澡、更衣和紫外线消毒。

7.2.3 鸡舍消毒

进鸡或转群前将鸡舍彻底清扫干净，然后用高压水枪冲洗，再用 0.1% 的新洁尔灭或 4% 来苏水或 0.2% 过氧乙酸或次氯酸盐、碘附等消毒液全面喷洒，然后关闭门窗用福尔马林熏蒸消毒。

7.2.4 用具消毒

定期对蛋箱、蛋盘、喂料器等用具进行消毒，可先用 0.1% 的新洁尔灭或 0.2%~0.5% 过氧乙酸消毒，然后在密闭的室内用福尔马林熏蒸消毒 30 分钟以上。

7.2.5 带鸡消毒

定期进行带鸡消毒，有利于减少环境中的微生物和空气中的可吸入颗粒物。常用于带鸡消毒的消毒药有 0.3% 过氧乙酸、0.1% 新洁尔灭、0.1% 的次氯酸钠等。带鸡消毒要在鸡舍内无鸡蛋的时候进行，以免消毒剂喷洒到鸡蛋表面。

8 饲养管理

8.1 饲养员 饲养员应定期进行健康检查，传染病患者不得从事养殖工作。

8.2 加料 饲料每次添加量要合适，尽量保持饲料新鲜，防止饲料霉变。

8.3 饮水 饮水系统不能漏水，以免弄湿垫料或粪便。定期清洗消毒饮水设备。

8.4 鸡蛋收集

8.4.1 盛放鸡蛋的蛋箱或蛋托应经过消毒。

8.4.2 集蛋人员集蛋前要洗手消毒。

8.4.3 集蛋时将破蛋、砂皮蛋、软蛋、特大蛋、特小蛋单独存放，不作为鲜蛋销售，可用于蛋品加工。

8.4.4 鸡蛋在鸡舍内暴露时间越短越好，从鸡蛋产出到蛋库保存不得超过 2 小时。

8.4.5 鸡蛋收集后立即用福尔马林熏蒸消毒，消毒后送蛋库保存。

8.4.6 鸡蛋应符合蛋卫生标准 GB 2748 和鲜鸡蛋 SB／T 10277 的要求。

8.5 灭鼠 定期投放灭鼠药，控制啮齿类动物。投放鼠药要定时、定点、及时收集死鼠和残余鼠药并做无害处理。

8.6 杀虫 防止昆虫传播传染病，常用高效低毒化学药物杀虫。喷洒杀虫剂时避免喷洒到鸡蛋表面、饲料中和鸡体上。

9 鸡蛋包装运输

9.1 鸡蛋可用一次性纸蛋盘或塑料蛋盘盛放。盛放鸡蛋的用具使用前应经过消毒。

9.2 纸蛋托盛放鸡蛋应用纸箱包装，每箱 10 盘或 12 盘。纸箱可重复使用，使用前要用福尔马林熏蒸消毒。

9.3 运送鸡蛋的车辆应使用封闭货车或集装箱，不得让鸡蛋直接暴露在空气中进行运输。车辆事先要用消毒液彻底消毒。

10 资料

每批鸡要有完整的记录资料。记录内容应包括引种、饲料、用药、免疫、发病和治疗情况、饲养日记，资料保存期 2 年。

11 病、死鸡处理

11.1 传染病致死的鸡及因病扑杀的死鸡尸体应按 GB 16548 要求进行无公害处理。

11.2 鸡场 不得出售病鸡、死鸡。

11.3 有救治价值的病鸡应隔离饲养，由兽医进行诊治。

12 废弃物处理

12.1 鸡场废弃物经无害化处理后可以作为农业用肥。处理方法有堆积生物热处理法、鸡粪干燥处理法。

12.2 鸡场废弃物经无害化处理后不得作为其他动物的饲料。

12.3 孵化厂的副产品无精蛋不得作为鲜蛋销售，可以作为加工用蛋。

12.4 孵化厂的副产品死精蛋可以用于加工动物饲料产品，不得作为人类食品加工用蛋。

附录二 无公害食品 鸡蛋（NY 5039－2001）
（2001.09.03发布，2001.10.01执行）

1 范围

本标准规定了无公害鸡蛋产品定义、技术要求、试验方法、产品检验和标志、包装、运输、贮存。

本标准适用于鲜鸡蛋及冷藏鲜鸡蛋的质量安全评定。

2 规范性引用文件

下列文件中的条款通过本标准的引用而成为本标准的条款。凡是注日期的引用文件，其随后所有的修改单（不包括勘误的内容）或修订版均不适用于本标准，然而，鼓励根据本标准达成协议的各方研究是否可使用这些文件的最新版本。凡是不注日期的引用文件，其最新版本适用于本标准。

GB 2748 蛋卫生标准

GB 4789.2 食品卫生微生物学检验菌落总数测定

GB 4789.3 食品卫生微生物学检验大肠菌群测定

GB 4789.4 食品卫生微生物学检验沙门氏菌检验

GB 4789.5 食品卫生微生物学检验志贺氏菌检验

GB 4789.10 食品卫生微生物学检验金黄色葡萄球菌检验

GB 4789.11 食品卫生微生物学检验溶血性链球菌检验

GB / T 5009.11 食品中总砷的测定方法

GB / T 5009.12 食品中铅的测定方法

GB / T 5009.15 食品中镉的测定方法

GB / T 5009.17 食品中总汞的测定方法

GB / T 5009.19 食品中六六六、滴滴涕残留量的测定方法

GB / T 5009.47 蛋与蛋制品卫生标准的分析方法

GB / T 7718 食品中标签通用标准

GB / T14931.1 畜禽肉中土霉素、四环素、金霉素残留量测定方法（高效液相色谱法）

GB / T 14962 食品中铬的测定方法

NY 5029 无公害食品猪肉

NY / T 5043 无公害食品蛋鸡饲养管理准则

3 技术要求

3.1 鸡蛋来自按 NY / T 5043 要求组织生产的养鸡厂

3.2 感官指标符合 GB 2748 要求

3.3 理化指标应符合表 1 的规定

3.4 微生物指标应符合表 2 的规定

4 检验方法

4.1 感官检验按 GB / T 5009.47 规定执行

4.2 理化指标检验

4.2.1 汞按 GB / T 5009.17 规定执行。

4.2.2 砷按 GB / T 5009.11 规定执行。

4.2.3 铅按 GB / T 5009.12 规定执行。

4.2.4 铬按 GB / T 14962 规定执行。

4.2.5 镉按 GB / T 5009.15 规定执行。

4.2.6 六六六、滴滴涕按 GB / T 5009.19 规定执行。

4.2.7 土霉素、金霉素按 GB / T 14931.1 规定执行。

4.2.8 磺胺类按 NY 5029 执行。

4.2.9 呋喃唑酮按附录 A 执行。

4.3 微生物检验

4.3.1 菌落总数按 GB 4789.2 规定执行。

4.3.2 大肠菌群按 GB 4789.3 规定执行。

4.3.3 致病菌按 GB 4789.4、GB 4789.5、GB 4789.10、GB 4789.11 规定执行。

5 包装

5.1 外包装：采用特制木箱、纸箱、塑料箱等。

5.2 内包装：采用蛋托或纸格，将蛋的大头向上装入蛋托或纸格内，不得空格漏装。

5.3 标志成品外包装应贴有符合 GB 7718 规定的标签。

5.4 贮存贮存冷库温度为 −1～0℃，相对湿度保持在 80%～90%。

5.5 运输运输工具必须清洁卫生，无异味，在运输搬运过程中应轻拿轻放，防潮、防暴晒、防雨淋、防污染和防冻。

表 1　理化指标

项目		指标
汞（Hg, mg/kg）	≤	0.03
铅（Pb，mg/kg）	≤	0.1
砷（As，mg/kg）	≤	0.5
铬（Cr，mg/kg）	≤	1.0
镉（Cd，mg/kg）	≤	0.05
六六六（BHC，mg/kg）	≤	0.2
滴滴涕（DDT，mg/kg）	≤	0.2
金霉素（chlortetracycline，mg/kg）	≤	1
土霉素（oxytetracyline，mg/kg）	≤	0.1
磺胺类（以磺胺类总量计，mg/kg）	≤	0.1
呋喃唑酮（mg/kg）	≤	0.1

表 2　微生物指标

项目		指标
菌落总数	≤	5×10^4
大肠杆菌	≤	100
致病菌（沙门氏菌、志贺氏菌、葡萄球菌、溶血性链球菌）		不得检出

参考文献

［1］陈国宏，王克华，王金玉等．中国禽类遗传资源．上海：上海科学技术出版社，2004

［2］傅润亭，张敬．无公害蛋鸡标准化生产．北京：中国农业出版社，2006

［3］黄炎坤，刘博，范佳英等．蛋鸡标准化生产技术．北京：金盾出版社，2007

［4］薛俊龙．鸡病类症鉴别与防治．太原：山西科学技术出版社，2009

［5］丁馥香．蛋鸡标准化生产技术彩色图示．太原：山西经济出版社，2009